Published by arrangement with Thames and Hudson Ltd, London
Copyright ©2011 Edward Hutchison
This edition first published in China in 2013 by China Youth Press, Beijing
Chinese translation©China Youth Press

律师声明

北京市邦信阳律师事务所谢青律师代表中国青年出版社郑重声明：本书由 Thames and Hudson Ltd 授权中国青年出版社独家出版发行。未经版权所有人和中国青年出版社书面许可，任何组织机构、个人不得以任何形式擅自复制、改编或传播本书全部或部分内容。凡有侵权行为，必须承担法律责任。中国青年出版社将配合版权执法机关大力打击盗印、盗版等任何形式的侵权行为。敬请广大读者协助举报，对经查实的侵权案件给予举报人重奖。

侵权举报电话

全国"扫黄打非"工作小组办公室　　中国青年出版社
010-65233456　65212870　　　　010-59521012
http://www.shdf.gov.cn　　　　　E-mail: cyplaw@cypmedia.com
　　　　　　　　　　　　　　　　MSN: cyp_law@hotmail.com

版权登记号：01-2013-5439

图书在版编目（CIP）数据

世界景观建筑设计技法表现 /（英）哈奇森（Hutchison,E.）编著；皮永生等译 .
— 北京：中国青年出版社，2013.9
ISBN 978-7-5153-1890-5
Ⅰ.①世… Ⅱ.①哈… ②皮… Ⅲ.①景观－建筑设计 Ⅳ.①TU-856
中国版本图书馆 CIP 数据核字（2013）第 204205 号

世界景观建筑设计技法表现

爱德华·哈奇森　编著
皮永生　于钶　章波　罗晶　廖坤　译

出版发行：中国青年出版社
地　　址：北京市东四十二条 21 号
邮政编码：100708
电　　话：（010）59521188 / 59521189
传　　真：（010）59521111
企　　划：北京中青雄狮数码传媒科技有限公司
策划编辑：张　军　马珊珊
责任编辑：易小强　张　军
助理编辑：董子晔
封面设计：DIT_design
封面制作：孙素锦

印　　刷：北京顺诚彩色印刷有限公司
开　　本：889×1194　1/16
印　　张：15
版　　次：2013 年 10 月北京第 1 版
印　　次：2013 年 10 月第 1 次印刷
书　　号：ISBN 978-7-5153-1890-5
定　　价：89.80 元

本书如有印装质量等问题，请与本社联系
电话：（010）59521188 / 59521189
读者来信：reader@cypmedia.com
如有其他问题请访问我们的网站：
http://www.cypmedia.com

DRAWING FOR LANDSCAPE ARCHITECTURE 世界
景观建筑设计
技法表现

[英] 爱德华·哈奇森 / 编著

皮永生 于钶 章波 罗晶 廖坤 / 译

中国青年出版社
CHINA YOUTH PRESS 中青雄狮

● 棕榈屋

英国皇家植物园，伦敦
温莎·牛顿水彩颜料，绘制于A3纸上，
用时3小时

布朗在18世纪时设计种植的霍尔姆橡树林荫道衬托出了由德西默斯·伯顿所设计（Decimus Burton）的建筑的精致。

CONTENTS
目 录

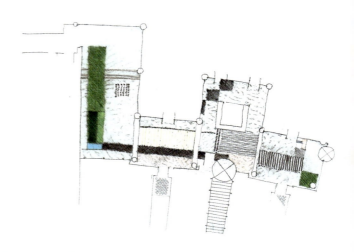

Introduction
前言

Chapter 1
引人入胜的景观

- 18　表达语言的展开
- 20　绘制肌理
- 22　人与空间
- 24　光线与色彩
- 26　意想不到的表现主题
- 28　艺术化影响
- 30　建筑韵律
- 32　粗细不同的线条
- 34　抽象练习
- 36　绘图比例
- 38　树叶纹理
- 40　极富表现力的线条
- 42　描绘植物

Chapter 3
概念表达

- 74　场地分析研究
- 76　高差层次分析
- 78　瞬间的视觉记录
- 80　顶视图
- 82　一所中学和伦敦眼
- 84　植物配置规划
- 86　植物配置理念

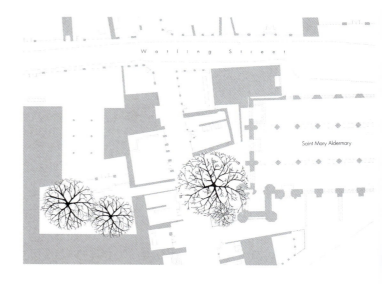

Chapter 2
场景写生

- 48　了解历史
- 50　街道和商店
- 52　大使馆花园
- 54　城市文脉
- 56　热量与光线
- 58　草图分析
- 60　从过去到未来
- 64　滨水景观
- 66　村落花园

Chapter 4
平面图、剖面图和立面图

- 92　标注和材质
- 94　人和树
- 96　多种媒介表达
- 98　粗细不同的线条
- 100　交互式地图的影响
- 102　材质计划
- 104　策略规划
- 106　手绘和矢量图像
- 108　彩色示意图
- 110　反差较低的色彩
- 112　剖面和细节
- 114　建筑空间

Chapter 5
透视图

- 120　黑白草图
- 122　透视草图
- 124　提升氛围
- 126　即兴草图
- 128　在方案交流会上的草图
- 130　街道和公共场所
- 132　海滨酒店

Chapter 8
构造细节

- 166　场地的特征
- 168　铺装细节
- 170　长椅设计
- 174　路界护柱（行人安全岛）和座椅
- 176　滑槽的构造细节
- 178　住宅开发区域的隔断
- 180　一所学院的施工详图
- 182　台阶详图
- 184　电脑绘图

Chapter 6
轴测图

- 138　不同的视角
- 140　大型花园的植物配置
- 142　校园景观
- 144　电脑着色
- 146　植被
- 148　检验水平高差
- 150　景观中的人物

Chapter 9
完成项目介绍

剑桥大学圣约翰学院

- 190　项目简介和历史背景
- 192　平面草图的备选方案
- 194　庭院设计的备选方案
- 196　提案
- 198　水平高差和材质
- 200　照明研究
- 202　微气候分析和植物搭配
- 204　植物配置
- 206　铺装详图
- 208　大门细节
- 210　施工图
- 212　竣工

考文垂和平花园

- 214　项目简介和历史背景
- 216　分析和草图
- 218　欢呼的时刻
- 220　设计拓展
- 222　期望路线
- 224　尊重场地
- 226　耐候钢
- 228　树种选择
- 230　排水的研究
- 232　石质系缆柱
- 234　完成项目

- 236　项目目录
- 237　延伸阅读
- 238　作者简介
- 240　致谢、图片版权

Chapter 7
方案预算

- 156　概念深入
- 158　艳丽色彩的使用
- 160　方案深化过程

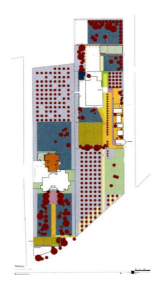

INTRODUCTION
前言

● 人体素描

6B、2B、HB铅笔，施德楼水溶性彩色铅笔，绘制于A3光滑绘图纸上，用时90分钟

在长期的观察和绘画过程中，养成每周定时进行人体素描训练的习惯，有助于建立信心和培养自由表达的能力。

● 抽象的黄色

温莎·牛顿水彩颜料，绘制于建筑设计专用的热压水彩画纸上，用时数天

水彩的表现方式充满着偶然性，这些偶然的结果在最后的图像创作中能起到非常重要的作用。如图中的偶然效果可以被理解为一幅抽象的风景画。

即使有些人认为自己没有绘画的能力，但是本质上每一个人都拥有作画的天赋。约翰·拉斯金（John Ruskin）在《绘画的元素》（The Elements of Drawing，1857）一书中指出：在经过几个小时乏味的训练后，他能让那些甚至是最反感成为艺术家的人开始绘画，事实上，他也从未遇见过完全没有绘画天赋的人。然而和其他很多学科一样，要想获得绘画技能，坚持学习的精神和严谨的训练是必不可少的（正如学习演奏一种乐器需要不停地练习一样）。亨利·马蒂斯（Henri Matisse）是一名技艺精湛的画家，呕心沥血的工作历程使他拥有了惊人的绘画技能。在20世纪30年代，他几乎每天下午都会花一些时间去画人体写生，而且他始终对那些试图模仿别人的绘画风格却没有经过长期训练而获得绘画技能的人不屑一顾。在绘画中，作为分享和理解生活的一种丰富多彩的手段，人体素描写生常常被认为是最佳的方式。因为描绘裸体形态时需要仔细观察，这能够使我们对画面的明暗、比例、色彩、节奏、结构等要点有更好的认识。同时，这也是训练敏锐观察能力的最好方法。

对于一个设计师来说，坚持用素描草图进行记录的训练是极为重要的，是设计师日常生活中必不可少的环节。在训练过程中，不要在意一幅作品的优劣，它只是一个参考，是对某段短暂经历的记录。无论是对于概念、图表、色彩组合的研究，还是记录有趣的形式，或是从一个窗口捕捉风景，素描本都是展现它们的舞台。素描表现是一个深入的思考过程，通过这个过程会得到独特的设计方案。对于设计师而言，接受一份新的项目总是令人欣喜，但同时也代表着一种责任。无论项目的大小或性质如何，从现场获取灵感都极其重要。对于现场信息的捕捉，照片记录是必要的，但草图绘制和记录则是个人捕捉信息并进行思维加工更直接的方法，同时它在接下来的整个设计过程中都会起到非常重要的作用。一个新的设计在空间尺度和精神内涵两方面都应符合场地的设计要求。

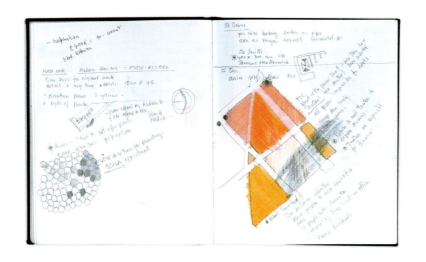

● 草图日志

施德楼水溶性彩色铅笔，辉柏嘉创意工坊三角点阵水溶彩色铅笔，HB、2B和4B铅笔，施德楼01号一次性针管笔，百乐超细钢珠笔，绘制于光滑描图纸上，各用时20分钟～30分钟。素描本由迪亚艺术基金会、Ordning & Reda和Paperchase提供

在与工程项目经理的一次交流中，针对景观规划和增加建设费用问题而即兴绘制出的草图（左图）。伍斯特图书馆（Worcester 1：brary）设计竞标的概念草图（下图）。

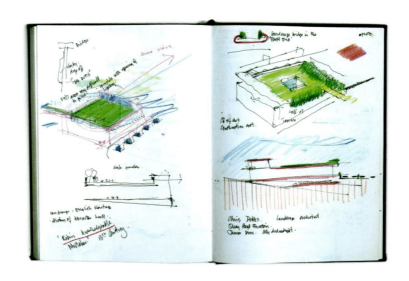

设计师能够从一系列手绘草图中迅速理解设计思维发展的轨迹，在深入设计的讨论中，设计师经常会挑选出其中的部分草图采用电脑制图的方式得到更为逼真的效果图。电脑绘制和手绘表达之间的视觉效果差异在深入设计的过程中为概念、空间及造型的生成提供了推动力，这两种截然不同的表现方法极大地推动了设计过程的深入。极为精确的电脑表现使绘制于纸面上的初步构思更为合理，从手绘草图转化到精确的数码设计，可表现出设计师解决设计表现问题的娴熟能力。正因为设计师使用软件进行表现与前期的绘制草图一样娴熟，所以能够创作出那些极富吸引力的效果图。本书旨在展示设计表现过程中这两种方法的完美组合。设计案例包括剑桥大学圣约翰学院（见P188）和考文垂和平花园（见P214）。这两个项目都是这种愉快而高效的工作方式的产物。

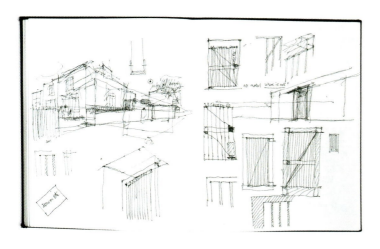
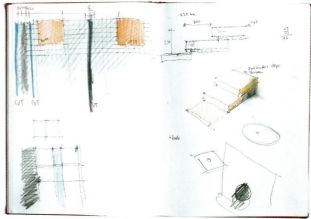

● 快速记录想法

各用时10分钟~15分钟

私家花园大门的设计概念图（上左图），铺装和台阶细节（上右图），一张圣诞节前夕的计划表并尝试使用灰色线条进行表现（下图）。

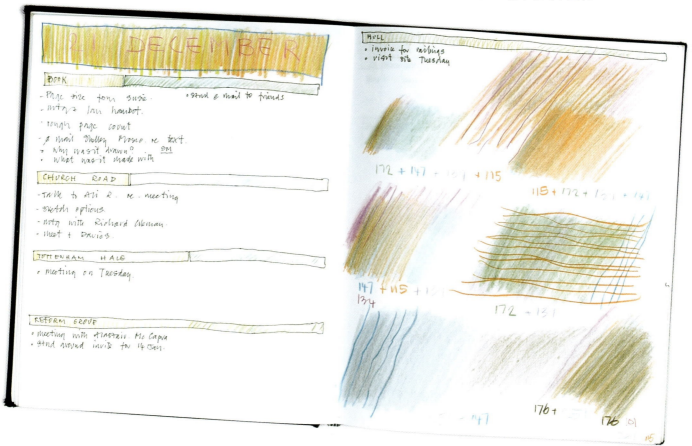

CHAPTER 1
引人入胜的景观

引人入胜的景观

Chapter 1

长期花几个小时全神贯注于景观表现训练，对于培养景观设计师的能力来说具有不可估量的作用。在这个训练的过程中，思维会随着日复一日的思考而变得更加灵活，同时设计师也更容易表达出相关主体的特征。景观表现中所进行的观察并不仅仅是对于原始素材的反应和认识，而是经过深层次探究后，以个人主观直觉获得的意象。不断重复的景观表现训练不仅有助于设计师提高思维能力，同时也有助于形成个人的设计观念，以形成在景观设计方面真正的知识体系。这种长时间全神贯注于某个特定场所的训练，有时能够使人进入到冥想状态。通过这样的练习，有些模糊的景观素材会被我们一眼发现，随着时间的推移，我们领会景观素材价值和功能的感觉会越来越敏锐，而最终使我们获得通过分析与批判的方式来评估环境的能力——这也会在今后的职业生涯中发挥无法取代的作用。

与使用相机镜头的单纯记录不同，设计师的手绘表现是一个不断进行"眼、手、脑"协调、修正及评价的过程，通常在这种图解化的思考过程中能够发展出新的设计方向。不同的光影能够产生不同的景观效果，在景观表现中利用不同形式的光影表现能够让人们感受到早晚、四季不同的光影变化过程。早在19世纪90年代，克劳德·莫奈（Claude Monet）就对坐落于鲁昂的大教堂在不断变化的光照条件下所呈现出的不同景致产生了浓厚的兴趣，他曾让超过30名学生共同研究这一课题。与此相似，景观设计中所采用的主要天然材料（鹅卵石等石头，水，小草、树木等植物）在光线的改变中也会持续不断地变化。基于以上观点可以认为：只有通过准确的观察从而达到理解，才能判断出景观设计的品质。进行手绘表现的最大乐趣在于对心智理解能力的挑战，无论是风景园林还是建筑群落，都必须首先理解其内涵意义。同时，进一步研究揭示该地域潜在的地质、地理及独特微气候特征等，将研究成果和具体的设计观念融合在一起，并结合前期观察取得的表象基本信息，通过手绘表现过程不断地在作品中深入，以最终完成景观设计的表现。

● 海、树木和房屋

圣海洋，法国

温莎·牛顿水彩颜料，绘制于建筑设计专用的热压水彩画纸（400克）上，用时5小时

码头的周围充满着人造物与自然之间尺度上的对比，而这正反映出大海的力量和其作为背景的效果（见P14）。

在城市环境中，会产生诸如为什么要用特定的方式来修建一些特殊建筑的问题。对于西班牙布尔戈斯大教堂，人们可能会问：为什么会用较软的石灰岩来建造多孔的高塔以使它能够尽量更高？为什么在那个点用石球穿插连接相邻的镂空花窗？如同被设定了某种模式一样，太阳每隔10分钟进行一次有规律的变化，温暖的夕照越来越呈现出橙色的味道，使石灰岩呈现出粉红色，同时增强了孔眼的阴影。而石球和花窗的空洞所反射和折射出的紫蓝色光影与粉红色的石灰岩形成互补，犹如20世纪60年代波普艺术的光感效果。伴随着夜祷，高潮在日落时分到来，中世纪的教堂显得如此引人注目且令人敬畏。在落日的照耀下，教堂西面辉煌的光芒代表着神的光荣和力量，以唤起人们虔诚的顶礼膜拜。

更具有代表性的一个例子是，在粉刷伦敦泰晤士河旁边的夏纳步道时选择白色材料的原因在于：在现代国际主义运动中，白色的建筑立面能够为充满污染和汽车尾气的城市增添一股清新的气息。每隔4年重新粉刷的重要作用在于保证设计效果的持久性。在很多时候，简单的基本问题会在不经意间被忽略，而深入细致的手绘表现过程能够将这些基本问题系统地呈现。

对景观表现的图解化思考过程也能使得设计师体会到特定地域的特征，了解这里的"守护神"、风水习俗等。这一点对于探究久远的希腊及罗马神庙尤为重要。这些神庙均修建在景观中心位置。也许这就是对其中某一地点神秘力量的初步认识，使得到访者仍然在相同的位置进行图解化思考。

- **色彩编目**

拉帕尔马，加那利群岛
施德楼水溶性彩色铅笔，绘制于A4纸上，用时90分钟

用彩色铅笔制作不同的色彩符号是一个非常愉快和享受的过程。各种不同的色彩通过调和可以获得不同的色相，恰好如同纺织原料的多样性。它可用来记录不同色彩所能产生的独特效果，从而为将来色彩的选用建立参考系统。

● 水彩笔触

温莎·牛顿水彩颜料,绘制于A3建筑设计专用的热压水彩画纸上,用时4小时

一般来说,使用多达12种不同的水彩色就可以调制出丰富的色彩。在调色时,应该保持基本色纯净和调色用水的清洁。尽管记住调色顺序以调制出独特色彩具有一定的挑战性,但最终效果却令人赏心悦目。对于设计师来说,可根据个人需要选择不同的色彩表现工具。虽然运用水彩技法非常重要,但彩色铅笔是一个更简单实用的替代品。

引人入胜的景观　Chapter 1

- 绘画时间

圣文森特和格林纳丁斯，贝基亚岛

印度墨汁，斑马钢笔，绘制于A3纸上，用时1天

对于一个景观设计师来说，与其花一些时间来写生，还不如花一些时间来进行图解化思考。在炎热的加勒比海地区，人们的生活节奏很慢，值得设计师花一整天时间去观察、分析和描绘树叶。葡萄树树干独特的线形造型与数千闪亮叶子的圆形形成了鲜明对比。

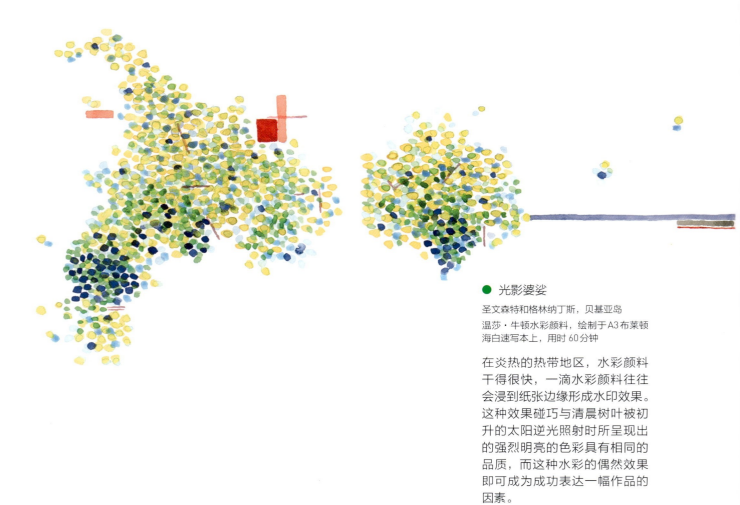

- 光影婆娑

圣文森特和格林纳丁斯，贝基亚岛

温莎·牛顿水彩颜料，绘制于A3布莱顿海白速写本上，用时60分钟

在炎热的热带地区，水彩颜料干得很快，一滴水彩颜料往往会浸到纸张边缘形成水印效果。这种效果碰巧与清晨树叶被初升的太阳逆光照射时所呈现出的强烈明亮的色彩具有相同的品质，而这种水彩的偶然效果即可成为成功表达一幅作品的因素。

绘制肌理

● 彩色铅笔与光线

施德楼水溶性彩色铅笔，绘制于A4纸上，用时60分钟

可以用彩色铅笔进行大范围的铺调。用不同的媒介进行表达和表现单一主题都会让人感受到创作的自由，令人愉悦。在创作过程中记住调色的顺序有益于在之后用色时作为参考。但不同的制造商生产的彩色铅笔质量千差万别，创作者们有必要寻找适合自己的品牌。

● 铅笔笔触与植物

HB铅笔，2B石墨棒，4mm B铅笔，绘制于纸上，用时60分钟

为了更加准确地描绘植物，有必要尝试多种不同的表现方法，以充分表达其个体特征。

引人入胜的景观

Chapter 1

人与空间

壮观的德吉玛广场，每一天的景致都不相同。噪音、声效和手势等一切公众所听到的、见到的、闻到的、品尝到的和触摸到的都在发生着变化。这些所谓的无形元素通过传统的口述方式正更广泛地被大众加工塑造。德吉玛广场作为一个有形的空间场所，承载着浓郁的地方文化传统。
——胡安·戈伊蒂索洛（Juan Goytisolo），于2001年5月15日在联合国教科文组织人类口头和非物质遗产会议开幕式上的发言

● 人头攒动的空间

德吉玛广场，马拉喀什，摩洛哥
施德楼水溶性彩色铅笔，绘制于A3优质板纸上，用时75分钟

从空间上来讲，这个集市广场是一个不起眼的区域。但是在夜晚这里却会发生变化。当阳光开始减弱，它逐渐成为一个斑斓、华丽、烟雾缭绕的剧场，呈现出梦幻般的景象。人们围绕在说书的、耍蛇的周围，或是聚集于露天大排档进行各种休闲活动。在这样的场景中光线变化非常快，所以用彩色铅笔比水彩更容易进行表现。

● 崖壁和卵石

锡德茅斯，德文郡
施德楼水溶性彩色铅笔，绘制于A3优质板纸上，用时60分钟

在这段位于锡德茅斯、被评为世纪自然遗产的海岸线上，三叠纪时期的砂岩峭壁色彩极其生动。频繁的塌方使那些部分未被风化的鲜红色岩石暴露了出来，其鲜艳的色彩与在海滩上具有相同材质但被几个世纪海浪冲刷形成的平滑鹅卵石形成鲜明的对比。在强烈的阳光照射下，陡峭的崖壁和平缓的海滩呈现出显著的不同。

● 春季的第一天

克罗韦尔山林，白金汉郡
施德楼水溶性彩色铅笔，绘制于A3优质板纸上，用时120分钟

低角度的太阳光线从丛林的缝隙中渗透出来，投射出从深紫到蓝色的阴影，为新生的橡树叶增添了一抹神奇的色彩，与作为背景的农作物在颜色上形成了鲜明的对比。春天是一年里非常有生机的重要时节：这个季节呈现出令人惊讶的艳丽色彩，在灿烂的阳光下它们显得更加明晰。

光线与色彩

在20世纪初期,苏格兰的色彩画家成功实践了这一想法,即当我们看到阳光下灿烂的风景时,我们同时能够看到与主体色彩形成互补色的阴影。采用这一方法进行观察训练,随着时间推移,眼睛的观察能力将会得到很好的训练和提高。

● 水草地

德罗克斯福特,汉普希尔
施德楼水溶性彩色铅笔,绘制于A3优质板纸上,用时45分钟

一些景观表现可以体现一种强烈的怀旧感。《水草地》这幅作品使我们能够重新审视这个环境并找到似曾相识的感觉,并引发一种捕获该地域精神实质的强烈欲望。

引人入胜的景观 Chapter 1

● 一次偶然的灵感

艾米兹米兹，摩洛哥
施德楼水溶性彩色铅笔，绘制于A4优质板纸上，用时15分钟

伴随着创作的不断深入，一些突然出现的有趣事物能为创作带来灵感。当我坐在公交车上等待其他乘客的时候，我发现肉店窗口悬挂着大肉块。虽然这有别于通常意义上的景观风景画面，但这不会影响其作为引人入胜的主题。我的一个素食主义助手选择了这幅作品作为离别礼物。

● 工业的衰变

圣乔瓦尼矿区，撒丁岛，意大利
辉柏嘉创意工坊三角点阵水溶彩色铅笔，绘制于A2优质板纸上，用时3小时

寻找一个令人兴奋的创作主题可能需要很长时间，但付出努力寻找这种刺激性主题是非常值得的。不同的景观元素能够为不同的人带来灵感，这种人与物的个性对话能够激发出进行独具魅力的景观表现创作所需的活力与激情。基于这样的认识，撒丁岛上已经被废弃的采矿业遗址就成为了这样一个令人惊喜的创作主题，同时它也代表了对工业时代的回忆。有别于英国政府20世纪70年代的做法，采用"雅致"的景观来取代和简化以前煤矿地区堆积如山的矿渣景象。该矿区凭借其锈蚀的结构、摇晃的铰链门，当之无愧地成为绝对意义上的激动人心的创作地。

引人入胜的景观　Chapter 1

● 漫画风景画

巴塞罗那，西班牙
HB铅笔，绘制于A4布莱顿海白速写本上，用时5分钟

这幅简单得近似卡通画的景观表现创作于刚刚离开巴塞罗那港的一日游游轮上。随着游轮的前行，视点也在逐渐地发生变化，创作者不得不进行高度的精简，其结果是该城市的重要地标被惊人地凸显出来。

● 水彩和线

德孔波斯特拉，圣地亚哥，西班牙
温莎·牛顿水彩颜料，绘制于A3建筑设计专用的热压水彩画纸上，用时90分钟

大烟囱和整体结构呈阶梯状分布的露天看台形成了圣地亚哥德孔波斯特拉广场的一边，具有强烈的风格品质。首先用水彩塑造简单的块面，接着用独立的线条勾画轮廓，从而创造出一个在观察与记录之间具有一定张力的视觉形象。

艺术化影响

引人入胜的景观

Chapter 1

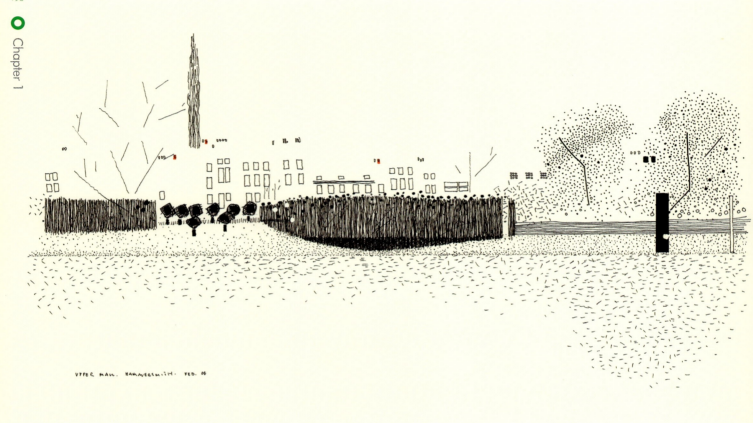

● **建筑背景的虚化**

哈默史密斯，伦敦

施德楼针管笔和记号笔，绘制于A3建筑设计专用的热压水彩画纸上，用时约75分钟

对哈默史密斯商业中心上层建筑的轮廓进行虚化，有助于强调建筑物前方种植的景观植物。

在风景环境中选择性地截取相关元素进行表达，是为了创造一种令人信服的表现效果，这种表现能够让人主要关注于主体所传递的思想并体会它，而不是关注于主体本身的描绘效果。在强调具体的某一点时，有必要精简掉多余的细节。

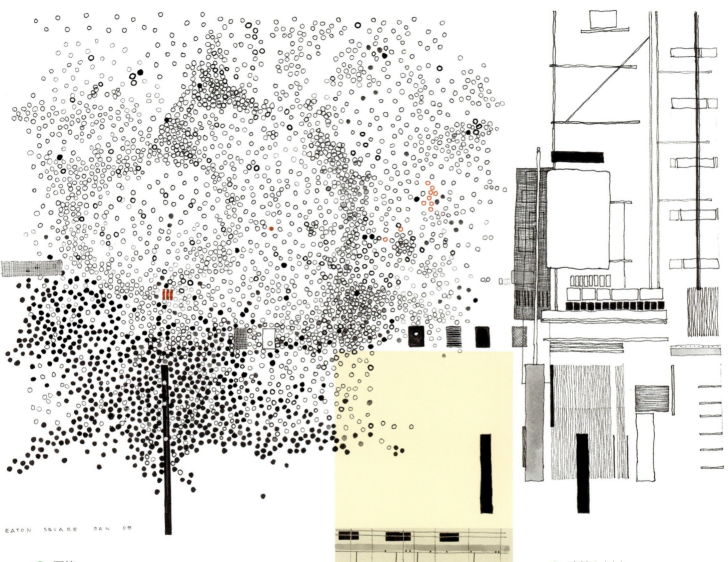

● 网格

海德公园广场，伦敦

施德楼针管笔和记号笔，温莎·牛顿灰色墨水，绘制于A3建筑设计专用的热压水彩画纸上，用时2小时

由脚手架构成的网状结构叠加在一座19世纪的建筑表面，形成了一个呈几何状、有趣而又复杂的立体构架。从某些角度来看，它突破了建筑本身的一些限制，因而显得更具趣味性。但是由于会不停地出现视觉偏差，所以绘制这样的画面相当困难。

● 建筑和树木

伊顿广场，伦敦

施德楼针管笔和记号笔，绘制于A3建筑设计专用的热压水彩画纸上，用时3小时

在另一座19世纪建筑的立面上，脚手架与建筑之间也形成了一个有趣的构图。随意种植的树木体现出一种自由感，它与重复的建筑元素形成了鲜明的对比。这种树木与建筑之间的关系表明，随意比规律重复更具活力。

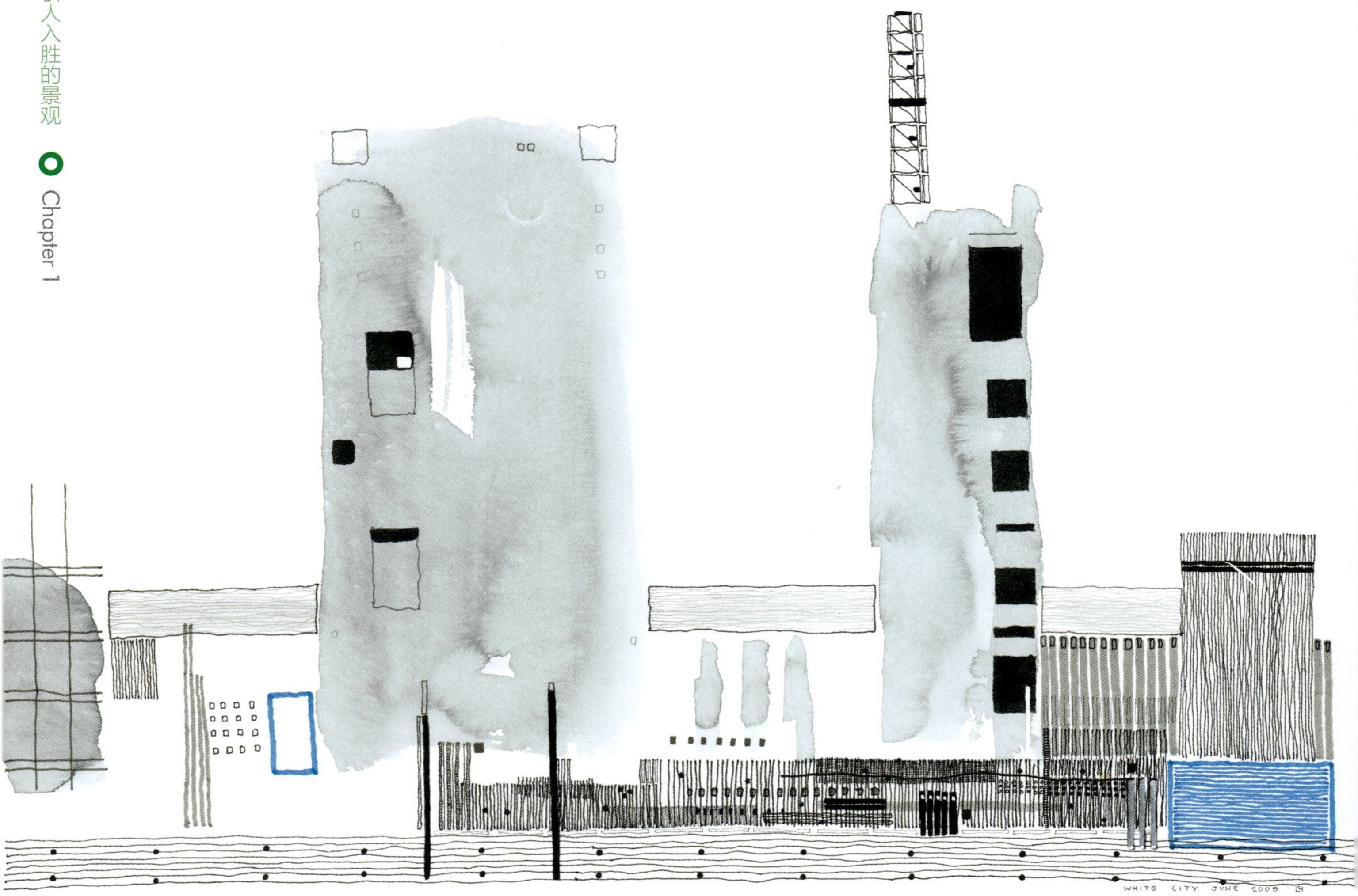

引人入胜的景观

Chapter 1

● 建筑现场

韦斯特菲尔德购物中心，伦敦

温莎·牛顿灰色墨水、黑色墨水，施德楼针管笔和蜻蜓尼龙签字笔，绘制于A3优质板纸上，用时2小时

一幢修建中的建筑物可能会比它最终完成后更能真实地反映我们这个时代的特征。一般来说，地标性建筑都会淡化建筑的框架结构，通过外部装饰来表达自身概念。混凝土浇筑的流动性与钢筋流线型之间的对比构成了一个真实且未经雕琢的原始建筑形象。不过无论是摄影还是写生，这里的安全管理员都会禁止任何人以任何方式记录这一建设的施工阶段。

- 建筑物的尺度

泰晤士河牛轭湖，伦敦

施德楼01、05号针管笔，辉柏嘉艺术笔，温莎·牛顿灰色墨化、黑色墨水和金片，绘制于A2优质板纸上，用时12小时

这幅作品耗时12个小时，分3个阶段完成，同时它面临着因为创作时间过长而报废的危险。将不同尺度的建筑物排列在一起效果并不协调，不过河水潮起潮落的变化平衡了视觉效果，使它们之间的关系显得和谐而又统一。

用线条来表达，总能产生一些令人意想不到的效果。视觉效果的强化通常是用重复的线条来实现，特别是可用不断重复的线条修正作品的欠缺之处，但是研究不同的笔触以保持画作的新鲜感依然十分重要。

- 设计表达的再创造

布拉德韦尔海岸，圣彼得墙式，埃塞克斯

施德楼01、05号针管笔，斑马钢笔，辉柏嘉艺术笔，绘制于A3优质板纸上，用时90分钟

这个小教堂于公元7世纪在一个罗马城堡的遗址上建造起来。石匠们热衷于将他们能自行支配的材料混合起来在墙上创造出奇妙的图案，这些图案在千年之后仍然能让人感到愉快。

引人入胜的景观 Chapter 1

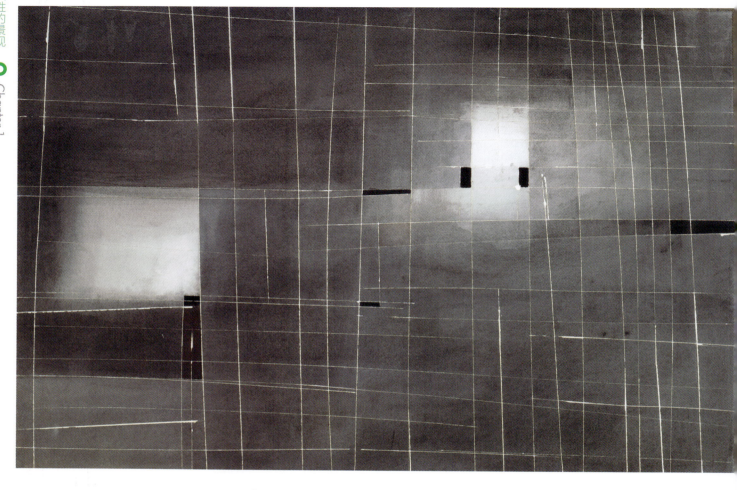

- **抽象派作品1**
  温莎·牛顿水彩颜料，绘制于建筑设计专用的热压水彩画纸（44cm×70cm，300克）上，用时数天

　　这些随意创作的水彩作品之所以取得了成功，并不只是依赖其逻辑原理或职务关系，偶然性在其创作过程中同样扮演着重要的角色。我观察颜料在纸上的变化并从中获得灵感，并且不拘泥于设计规划的限制。

● **抽象派作品2**

温莎·牛顿水彩颜料,绘制于建筑设计专用的热压水彩画纸(44cm×44cm,300克)上,用时数天

● **抽象派作品3**

温莎·牛顿水彩颜料,绘制于建筑设计专用的热压水彩画纸(44cm×44cm,300克)上,用时数天

● 宁静的画面

西萨塞克斯

温莎·牛顿水彩颜料,绘制于建筑设计专用的热压水彩画纸(300克)上,用时4小时

夏天在布满薄雾的海边进行写生时,思维应该具备一定的想象张力,因为阳光会渐渐驱赶掉海上的雾气,也会破坏之前的光感。

绘图比例

● 声势浩大的景观

格兰德河峡谷，新墨西哥
温莎·牛顿水彩颜料，绘制于建筑设计专用的热压水彩画纸（300克）上，用时6小时

这个由里约热内卢的险要峡谷断裂而形成的平原是一处声势浩大的景观。如此宏大的景象，其规模确实让人惊叹。在整个景观中，惊人的跨度令人忐忑不安。在广袤无垠的天际下，在20英里或更远的范围内，景观变幻莫测。这样变幻莫测的光线使得天空成为该种自然环境中最主要的特征，也正是画家们最喜爱描绘的景观。

● 创造高光

加利西亚，西班牙
温莎·牛顿水彩颜料，绘制于建筑设计专用的热压水彩画纸（300克）上，用时2小时

创作水彩作品时，用白色和黑色的对比来强调高光非常引人注目。我们会发现用一张白纸作为背景来对水彩画进行强调，往往比单纯地使用白色水彩颜料更能凸显深远的空间感。

出售的抽象画无论是油画还是素描，都被认为是一份经过创作者巧妙设计的作品。这样的创作经验能够帮助他们形成和提升个人表现创作中的抽象概括能力和技巧。

● 使用不同铅笔进行表现

洛翰普顿，伦敦
HB、3H和4B铅笔，绘制于A3光面纸上，用时45分钟

用不同粗细和硬度的铅笔进行表现，是一种很好地表现植物显著特征的方法。这种类型的表现虽然比不上精雕细琢的植物素描，但它是一种能简明表现植物最原始动态特征的方法，在进行植物配置设计的时候非常有用。

● 加勒比海的植物

多米尼亚
HB 和 4B 4mm 铅笔，绘制于 A3 光面纸上，用时 20 分钟

我们发现热带雨林中繁茂的叶子生长得参差不齐，这使它们在被表现为草图时看上去像素描，而不像一种设计表现图纸。这种特殊种类的自然生长的叶子，在表现效果上并不像是传统的植物配置设计。

速写常常具有与草图一样的特色，它比照片更能生动地抓住环境的要素。

树叶纹理

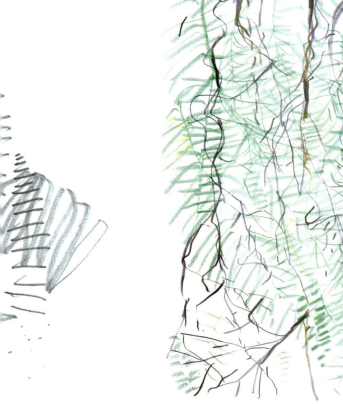

● 抓住已逝的痕迹

戈梅拉岛，加那利群岛
施德楼水溶性彩色铅笔，绘制于 A3 光面纸上，用时 6 小时

在微风轻拂时，这种漂亮的加利福尼亚辣椒树的树叶就像小鸟的翅膀一般飞舞。在这样炎热的天气里，因为这些树叶的遮蔽，树荫下比树荫外阳光直射的地方明显要凉爽一些。画家快捷而短促有力的笔触反映了枝叶垂落的树木简练刚劲的姿态。

引人入胜的景观 Chapter 1

● 愤怒的海洋

戈梅拉岛，加那利群岛
2B 和 HB 3mm 铅笔，绘制于 A3 光面纸上，用时 20 分钟

将铅笔和橡皮结合起来使用，能刻画出大西洋的动势。每当快乐奔腾的巨浪相互撞击时，极富激情的画面看上去十分迷人。此时借助数码相机捕捉瞬间的画面，有助于画家们生动描绘出景色。

引人入胜的景观 Chapter 1

● 抽象景观

波尔图弗莱维亚，撒丁岛，意大利
辉柏嘉创意工坊三角点阵水溶彩色铅笔，
绘制于A2优质板纸上，用时3小时

在许多世纪以前，森林的过度砍伐使得撒丁岛的灌木丛林最终被大火毁灭。灾后的重建使它被覆盖了大面积的耐旱植物，因此原本是不毛之地的岛屿斜坡，现在已经长满了灌木丛林。

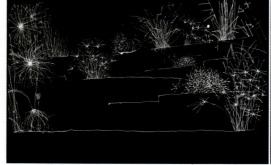
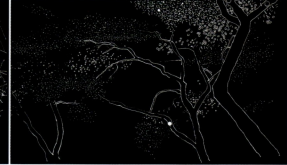

● 一棵丑树

波尔图弗莱维亚，撒丁岛，意大利

钢笔蘸白墨水，绘制于A3黑色纸上，用时20分钟

要将作品表现得更生动，最为重要的一点是放弃将唯美观念作为创作的推动力量。只表现这些天然的形象就是非常令人愉快的，金桔树上这些奇怪的叶子看上去像人们受到攻击而表现出的战斗姿态。

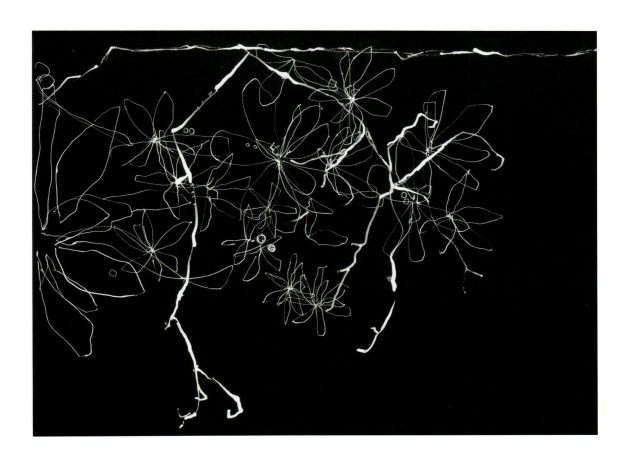

● 水生植物的演绎

卡利亚里植物园，撒丁岛，意大利

该梯田式的错落结构是真正理解了该主体意义的人所设计的（对页左图）。该方案应用了水生植物的线性特征，作为背景有一种瀑布般的气势。

● 风蚀的松树

卡利亚里植物园，撒丁岛，意大利

钢笔蘸白墨水，绘制于A3黑色纸上，用时分别为75分钟和30分钟

很多个世纪以来，日本景观艺术都在描绘栩栩如生的松树。他们塑造了关于松树的各种惟妙惟肖的形式（对页右图），对树干和树枝描绘的灵感则来源于对自然风力的观察和分析。在这里的自然环境中，来自南部的古罗马斗兽场的热风是此处的盛行风。

CHAPTER 2
场景写生

场景写生 Chapter 2

数千年来，澳大利亚的原住民在地球上最恶劣的环境中幸存下来，他们相信土地本身蕴藏着祖先的灵魂。而与此不同的是，在当今西方文化熏陶下的设计师们，无论是对环境内在本质的认知，还是对当地历史的理解都变得很漠然，他们在实际场景的研究上花费的时间越来越少。然而每个地方都是独一无二的，都是优势与劣势的矛盾综合体，因此在进行设计之前有必要亲身体验当地的风情和特色。

在建筑学领域中，单纯的房屋设计可以紧随潮流式样，但景观设计却通常需要随当地特有的风土人情而不断变化。因此深入了解当地的人文背景是至关重要的，以便真正做到"入乡随俗"。真实与想象互动，可以提升设计师对当地潜能与细节品质的理解，这在项目的最后阶段总是会被证明是创作中必不可少的过程。照片是对现实环境的真实记录，但要达到深入理解，通常要通过现场图解化的思考来实现。套用保罗·泰鲁（Paul Theroux）的话来说，相机是"观察的敌人"。在项目开始阶段，花一点时间在前期的项目调查上：用手去画，用耳朵去听，用心灵去感受，用眼睛去观察，并不是浪费时间而是会有很大的收获。在粗制滥造的工作室里，这些必要的调研有时会被视为是异想天开的奢侈做法，但对于被挑选出来从事该项目的景观建筑师而言，尽管困难重重，但这种调研往往能够引导他们根据事实得到一个既省钱又节约时间的解决方案，这一切都预示着前期的现场图解化思考有着不可替代的作用。

● 世界上最长的码头
南海岸，埃塞克斯
施德楼水溶性彩色铅笔，绘制于A4速写本上，用时20分钟

木桥局部的透视以及与河口周围景观的相互交错，为码头营造出无限延伸的视觉效果。当我们踏上木桥，那种如梦如幻的感觉便久久萦绕心头（见P44）。

当设计师对某地进行实地考察时，应该反复训练自己对于景观的专注观察能力，通过观察能力的提高进而读懂和理解景观。通过这一过程训练出来的谦逊和谨小慎微能让设计师最终得到一个直接的、均衡全局的解决方案；当获得整个现场背景知识的支撑以及注意到先前没有重视的细节时，就比较容易提出权威的设计概念，并根据当地的实际情况做出均衡全局的规划。当设计师对当地的历史文化背景有了更深层次的理解时，当那些从前没有被注意到的细节问题被发现时，所有这些理论依据都会成为创意思维强有力的支撑材料。通过思维加工处理后的绘画相对于照片来说有一个最大的优势，就可以在画面里自由组织有用的东西，

而不是完全复制；在描绘城市时，通过合适的画笔可以有意识地过滤掉一些诸如拥挤的道路、碍眼的路标等琐碎的东西，只保留场景背景中的精髓。现场表现仅仅强调的是对设计有意义的元素。当我们为客户介绍设计理念时，这样的图纸将会更容易被客户理解和接受。现场表现的另一个好处是图纸本身以及设计师为使客户理解设计理念所做出的努力都会得到客户的赞赏。在许多场合中，接踵而至的方案讨论是客户和设计师之间建立起良好关系的绝佳机会。

当继续观察、分析现场时，通过现场草图能够检验新的设计概念并将其具体化。对于设计方案，采用图解化思考的方式同样可以获得更为直接和更具有说服力的视觉形象。在设计项目的初期，概念的快速闪现、充满激情的表现、栩栩如生的人物配景以及光影都是很好的视觉分享方式。这些设计草图配合适当的比例和规范后，就能被用于各种更具深度和广度的方案报告。

客户对景观设计师有非常高的期望，而设计师在设计中遇到问题时往往会感到力不从心，常常需要用长时间积累的设计能力来获得极具灵感的解决方案。花费一些时间进行现场的图解化思考，并且深入实际使自己置身于这些项目问题中，有助于增强解决问题的信心。事实证明，进行现场的图解化思考所付出的努力能够得到客户的欣赏并能与客户建立起对话关系，而且通常只需要一次工作上的愉快合作经历，就会建立起彼此的尊重。设计草图同样能够影响到给客户呈现具体方案时的方式方法以及表现形式，并有助于反映出设计师承接项目的能力。

RUE MOLIÈRE.
UNDISTINGUISHED STREET.
ODD ARRANGEMENT OF TREES DO NOT ADD
MAISON CARRÉE JUST VISIBLE CLARITY

• RAILINGS PROTECT MAISON
CARRÉE BUT MAKE A VERY
UNCOMFORTABLE SPACE.
• CARS BY RAILINGS RUIN
SPATIAL FLOW.

RUE DES CHASSAINTES
• A CHAOTIC UNPLANNED
CORNER.
• CARS RULE NOT O.K.

○ PROGRESS V. KEEP ALL THAT IS OLD.
○ M. CARRÉE V.G. EVERYTHING ELSE ✓
○ SACRIFICE THE LESSER FOR THE BETTER.

○ DO NOT BE FRIGHTENED OF THE PAST

了解历史

WELL PROPORTIONED SPACE
CHANGE OF LEVEL INTERESTING
NASTY RAILINGS

WIDE PAVEMENTS ARE VERY GENEROUS BUT NOT FULLY USED
A BREAK IN THE AVENUE WOULD EMPHASISE THE SPACE
PRESENCE OF MAISON CARRÉE VERY/TOO RETISCENT

● 获得某地的感受

方形神庙，尼姆广场，法国
派通记号笔，施德楼01号一次性针管笔，
绘制于A4戴勒速写纸上，用时30分钟

在尼姆广场进行图解化思考是非常令人怀念的经历。当我在 Foster 事务所工作的时候，Foster 事务所争取到了毗邻新国家图书馆的主广场的委托设计任务。我们花费了大约一周的时间进行图解化思考，在城市的各个角落用这一方式来获得对当地地理环境和风土人情等方面的感受。我认为这是一个愉快的享受过程，同时能让我们对这个城市有更深入的理解，并且将其运用于最终的设计当中。回到伦敦来到我的办公室，我那张被晒黑的脸就足以证明我花了很多时间在户外"愉快地接受大自然的洗礼"。

13. MAY
ARCHIVES. AREA THRU. THE AGES
MAISON CARREE
PHOTOS OF SITE + DEVELOP.
DRAFT: SURVEY 1:500. (NURSERY SCHOOL)
4/5 SITE DRAWING.

PEDESTRIANS ON PAVEMENT.

在世界各地承接设计项目时，作为一个外地人，有时候反而是一种优势。因为被一个陌生文化冲击会令人感到兴奋，可以使景观设计更加符合当地情况，而不仅仅是使用"千篇一律"的风格进行设计。

● 预案

方形神庙，尼姆广场，法国
斑马01号钢笔，绘制于A4纸上，用时20分钟

这些概念性草图（右图和上图）都是在现场进行创作，展示了历史悠久的卡里故居被水树环绕的设计提案，并重建了列柱廊景观。该方案被提交给了市长，但是未能得到批准。这些照片（顶部图）展示了1992年竣工后的状态。

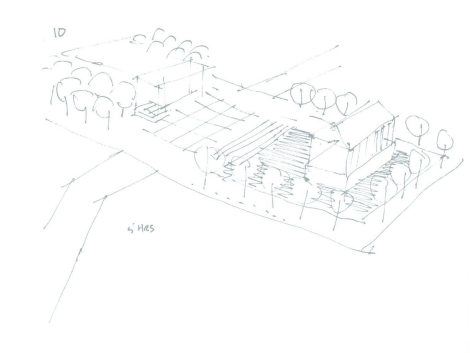

街道和商店

● 店面

波恩大道和马里波恩大街，伦敦
HB铅笔，绘制于A3光面纸上，各用时70分钟

如今店面的设计造成了物理和心理上的双重障碍，在休闲的路人与店铺商品之间充斥着无处不在的反光材料板与玻璃窗。而在马里波恩大街（左上图）和波恩大道（左下图）中，人行道直接位于商铺之外，从而构成了潜在的动态商业区；处在该商业区域的店面既不在门外也不在门内。这个区域既能反映店面的不同特征又能展示出销售中的商品，从而消除了行人与商铺之间的阻隔，创造出两者能够时常偶遇的环境。

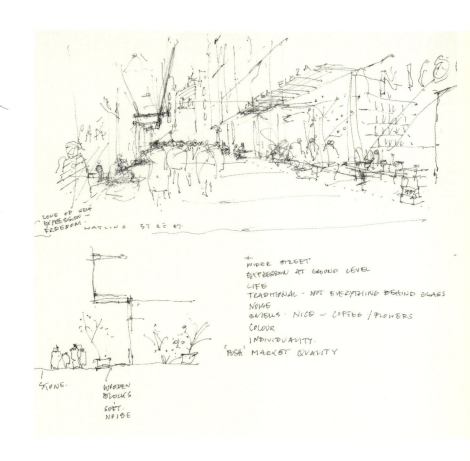

● 新商店店面提案

沃特林大街，伦敦
百乐超细钢珠笔，绘制于A3描图纸上，用时60分钟

这是为沃特林大街所作的设计（上图）。这条古老的街道可以追溯到罗马时代，这些设计图纸还需要一些色彩和生气来加以完善。

51

场景写生

Chapter 2

● 启程

英国大使馆，大马士革，叙利亚
辉柏嘉创意工坊三角点阵水溶彩色铅笔，
绘制于纸上，用时10分钟

当驱车离开住所时，我的视线被定格于两排生长在土红色花盆中的植物所形成的框架结构内（左图）。

大使馆的景观设计被定位为给游客们留下得体的"英国"印象。

● 抵达

英国大使馆，大马士革，叙利亚
辉柏嘉创意工坊三角点阵水溶彩色铅笔，
绘制于纸上，用时15分钟

简洁朴实的私家车道直接通向前门。现有的布局与其中央保留的棕榈树占用了许多道路，同时也分割了空间（左图）。

● 女王的草坪

英国大使馆，大马士革，叙利亚
辉柏嘉创意工坊三角点阵水溶彩色铅笔，
绘制于纸上，用时15分钟

在外交日程表上，女王的生日是重要的一天。按照英国的传统，六月会在草坪上举行香槟派对来庆祝这一盛典（右图）。

● 庭院

英国大使馆，大马士革，叙利亚
辉柏嘉创意工坊三角点阵水溶彩色铅笔，
绘制于纸上，用时15分钟

大多数非正式的娱乐区是综合性空间，在其中大使馆的客人会感到自己是"家庭中的一员"。

场景写生

Chapter 2

● 理解某地

杜伊斯堡，德国
施德楼01号一次性针管笔，绘制于A4戴勒速写本上，各用时20分钟

这些速写都是为了获得对现场周围不同街道的理解所作的图解化思考草图。

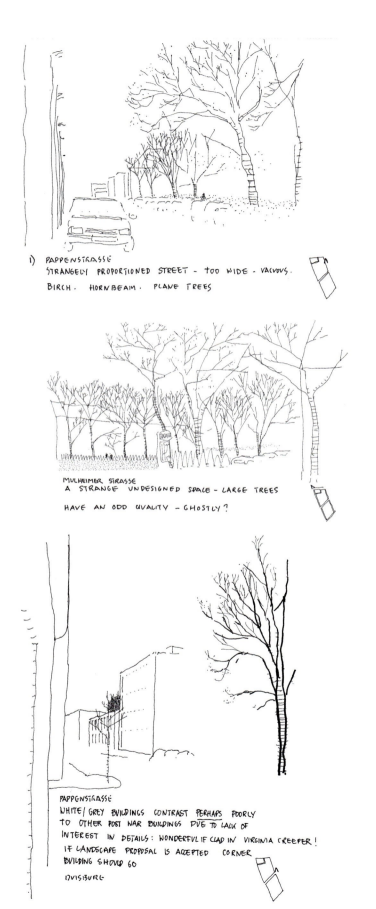

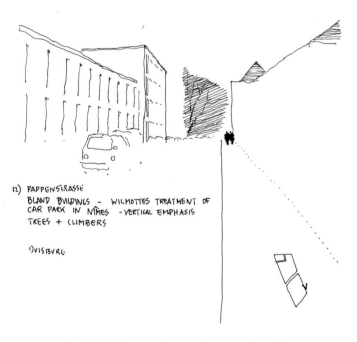

在草图中使用最细、最基本的线条来对画面进行处理是一个很好的方法，以便在绘画的过程中能更好地认识一个城市的基本氛围。在表现技法上不要试图描绘得太写实，可以以卡通的形式来表现街道和空间。

城市文脉

13) BISMARKSTRASSE
BUILDING MUST KEEP TREES. EXTEND BUILDING LINE TILL IT REACHES THE SITE

2) BISMARCKSTRASSE:

EXCELLENT HALF CANOPY OF TREES. BUT LOPSIDED SPACE. INTERESTING TERMINATION TO VIEW

6) BEND IN ROAD WOULD MAKE BUILDING GEOMETRY + MASSING CRITICAL AND VERY POWERFUL
MUST BE 4 OR 5 STOREYS HIGH TO BE IN SCALE
DUISBURG

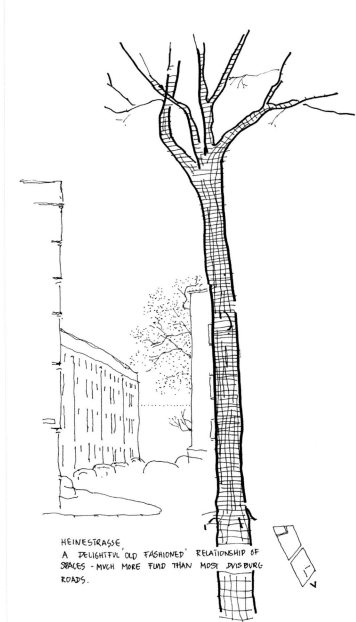

HEINESTRASSE.
A DELIGHTFUL 'OLD FASHIONED' RELATIONSHIP OF SPACES - MUCH MORE FLUID THAN MOST DUISBURG ROADS.

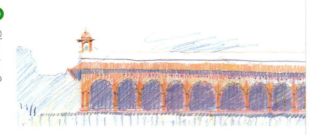

● 动感和色彩

红堡，新德里，印度

辉柏嘉创意工坊三角点阵水溶彩色铅笔，绘制于A4纸上，各用时35分钟

使用丝绸制作的帘子在石柱之间用金属钩子悬挂着，似乎在微风中翩翩起舞，反映出了空气的流动（上图）。砂岩的色彩和光影在夜晚的灯光照耀下充满了梦幻色彩。吊桥和护城河在大门入口（右上图），为17世纪时的要塞提供必要的安全保障（大使馆入口的安全问题对设计者来说往往是一个严峻的挑战）。

● 创造微气候

洛迪花园，新德里，印度

辉柏嘉创意工坊三角点阵水溶彩色铅笔，绘制于A4纸上，用时25分钟

由于现代生活依赖空调解决室内气候的调节问题，设计师不再花心思于了解微气候或是致力于设计更传统的解决方案。在印度，强烈的光和热足以影响建筑的设计风格，这种风格反映出庭院、阳台以及穿孔窗格在创造凉爽微气候方面的重要性。

无论是室内还是室外的设计实践，它们都历史性地包含着设计过程中设计师的调查和分析并由仔细的观察所推动。当今社会，随着技术的发展，设计师考察现场时往往是使用相机，而鲜见使用速写的方式进行记录。但使用这种强调速度和效率的方法，往往会失去在获得设计方案过程中的心智思考过程。

● 景观与住宅

英国高级专员公署，新德里，印度
用时20分钟

在对位于印度新德里的英国高级专员公署里的一个庭院进行写生时，我们通过观察对这一地点产生了其具有"良好的尺度"和"私密和开敞空间区别明确"的感觉，这足以证明对区域结构体系进行布局是非常重要的。

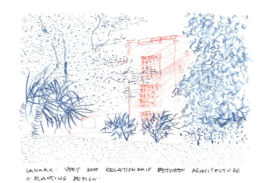

● 分析庭院

英国高级专员公署，新德里，印度

辉柏嘉创意工坊三角点阵水溶彩色铅笔，绘制于A4纸上，各用时35分钟

这一系列的草图（左图）表明了建筑与绿化设计间存在的关系。

● 廓尔喀宿舍

英国高级专员公署，新德里，印度

辉柏嘉创意工坊三角点阵水溶彩色铅笔，绘制于A4纸上，用时5分钟

与其他的建筑组成部分不同，士兵们的集体宿舍是一个富有活力的地方。官员们要求宿舍整洁但却似乎忽略了士兵们的健康（对页左下图）。对其他私人空间的速写必须快速而谨慎地完成。

现场绘制草图的行为看似稚嫩，却可反映出设计者的经验和记忆。实际上，这些看似不规范的记录却比规范的精致制图包含更多的信息。就像农民只能用粗糙的图形描述他的土地，但他们内心却对土地有着深层次的理解。

● 朦胧的第一印象

英国高级专员公署，新德里，印度
2B和HB铅笔，摩擦和涂抹于A4纸上，用时15分钟

现有的主入口（左图）在印度展示了饱含英国精神的公众形象，赫伯特·贝克(Herbert Baker)的设计与20世纪20年代由埃德温·勒琴斯爵士（Sir Edwin Lutyens）所进行的设计形成了鲜明对比。这一设计草图能够很好地标识出英国高级专员公署。

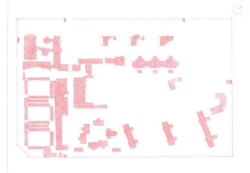

● 道路和交通

英国高级专员公署，新德里，印度
辉柏嘉创意工坊三角点阵水溶彩色铅笔，绘制于A3描图纸上（拓印设计方案），各用时90分钟

选择恰当的色彩有助于在潜意识里找准一个点（右上图）。描绘建筑的外轮廓线能够让人们更容易理解建筑之间的空间（右中图）。通过景观改造自然形成的小路与20世纪50年代正式规划的道路形成鲜明的对比（右下图）。

过去、现在和未来

英国高级专员公署,新德里,印度
施德楼水溶性彩色铅笔,绘制于A4纸上,各用时35分钟

这些原始的草图对该地域的过去与现在进行了研究,虽然表现形式自由随意,但总结了设计方案的内在精神和总体方向。建筑师约翰·索恩爵士(Sir John Soane)于1800年买下了匹兹汉庄园,并将其作为一个乡间别墅来款待客人,他采用16世纪意大利阿雷佐的人文艺术学家兼建筑师乔治奥·瓦萨里(Giorgio Vasari)所持有的理念来重塑了现有的房屋。1804年,索恩委托约翰·哈弗菲尔德(John Haverfield)重新对景观进行了设计,以匹配房屋新的设计风格。三张彩图代表了哈弗菲尔德新的基本景观设计理念。设计的目的是让这栋充满历史底蕴的小屋隔离于临近的普通建筑所形成的现代都市环境。景观建筑师杰弗里·杰利科(Geoffrey Jellicoe)称这一设计理念为"创造性保护",这种方法不仅能恢复并重塑原始设计,也对其进行了重新诠释,使它适合并提升了现代都市环境。

从过去到未来

手写的观测资料和在草图上的记录总是能帮助设计师在最后阶段解释设计方案中的细节。

● 透视图

匹兹汉庄园，伦敦，英国

辉柏嘉创意工坊三角点阵水溶彩色铅笔，百乐超细钢珠笔，绘制于A4纸上，用时45分钟

整体环境中的景观设计概念（右下图）。

● 观念的转变

沃波尔公园，伊林，伦敦

温莎·牛顿白色墨水和派通金属走珠白色钢笔，绘制于A3戴勒黑色纸上，各用时45分钟

用白色墨水在黑色纸张上进行景观写生（相对于用黑色墨水在白纸上写生），有助于强调设计的某些特征（P60下图）。采用这种表现方式得到的效果显得有些粗劣，图像并不像我们常见到的那样，但相对于我们平时对景观的观赏方式来说是一种新的尝试。

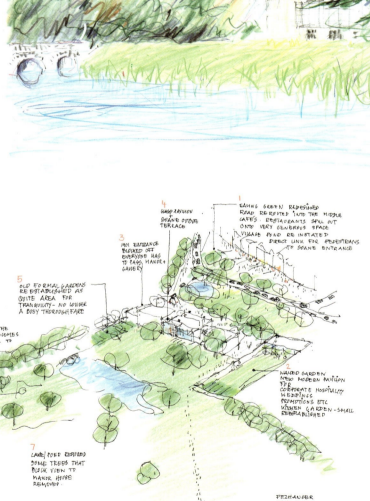

场景写生 Chapter 2

● 使用历史地图

匹兹汉庄园，伦敦，英国

辉柏嘉创意工坊 0.25 艺术钢笔，HB 铅笔，绘制于 A3 描图纸上，各用时 45 分钟

基于300年以来的历史地图绘制的这一系列图纸展示了该地区从1746年到2009年几个世纪中景观设计的变化，其中包括了对约翰·索恩先生在1801年移植树木到该地区、在1865年填湖以及在1934年修建战争纪念碑等事件的记录。

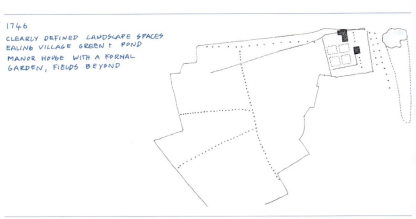

1746
CLEARLY DEFINED LANDSCAPE SPACES
EALING VILLAGE GREEN + POND
MANOR HOUSE WITH A FORMAL
GARDEN, FIELDS BEYOND

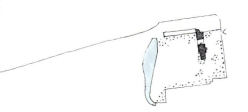

1800
JOHN HAVERFIELD - ASSYMETRICAL
ENTRANCE OFF EALING GREEN,
OPEN LANDSCAPE TO THE WEST
OF THE HOUSE. EDGES OF THE
ESTATE SOFTENED + BLURRED
WITH PLANTING

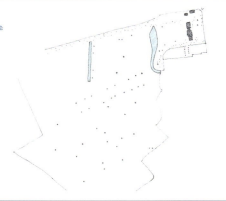

1832
THE PLAN PREPARED FOR THE SALE
OF THE ESTATE.
THE FISH POND WAS MADE TO DEFINE
THE EDGE OF THE ESTATE.
SHRUB PLANTING ADDED BY MATTOCK
LANE

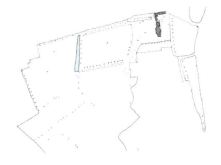

1865
THE LAKE BY THE HOUSE IS
REMOVED. THE LINK TO THE
WALLED GARDEN IS REMOVED
KITCHEN GARDEN WALL IS
SCREENED.
THE AVENUE IS PLANTED DEFINING
THE EDGE OF THE SPACE TO THE
FISH POND

1896
STRANGELY THE LAKE BY THE HOUSE
RE APPEARS, BUT THE AVENUE OF
TREES LEADING TO THE FISH POND
IS NOT SHOWN.
A NUMBER OF TREES ARE NOT RECORDED

1915
THE NEW AVENUE LEADING TO THE SOUTH
ENTRANCE GATE IS PLANTED, THIS
CUTS THROUGH THE OPEN QUALITY
OF THE PARK, LATER TO BE FURTHER
DESTROYED BY THE MAYORS' AVENUE.
THE FISH POND AVENUE IS SHOWN AS
A SINGLE LINE + EXTENDED EAST-
INTRODUCING MORE STRAIGHT LINES

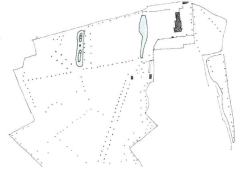

1934
THE WAR MEMORIAL INTRODUCES MORE
INAPPROPRIATE FORMALITY TO THE
FRONT OF THE HOUSE, DESTROYING SOANES
OBLIQUE ENTRANCE AND SIDE VIEW
WHICH HIGHLIGHTS THE TILE FLOATING
COLUMNS.
THE MEMORIAL DESTROYS THE INTIMACY
OF THE FRONT GARDEN. THE REMAINING
LANDSCAPE IS UNCHANGED

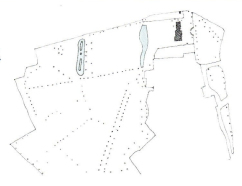

2009
A LARGE LOCAL PARK LACKING IDENTITY
OR CHARACTER. THE BEST IS NOT MADE
OF THE HOUSE AS A BACKDROP TO
THE LANDSCAPE. THE AVENUES, NICE AS
THEY ARE, CUTS UP THE SPACE. THE
WATER BODIES ARE WEAK

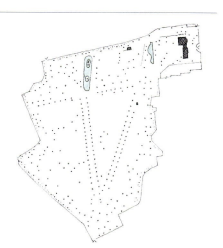

旧地图可在对新现场进行初始研究时提供大量信息；在跟踪调查过程中绘制出新的图纸往往是一个很好的实践过程；这会促进我们进一步思考：过去发生改变的原因，这些改变是否是进步的等问题。一套新的设计方案在平衡景观视觉形象以及强调设计改良部分等方面都应该与该地区的文脉保持相同的风格。

场景写生

Chapter 2

在设计竞标中，草图能传达出个人对项目所在地点的反应，这往往有助于使自己的提案区别于竞争对手。

● **现场视角**

沃辛，西萨塞克斯
辉柏嘉创意工坊三角点阵水溶彩色铅笔，绘制于A4光面纸上，用时30分钟

这个在现场绘制的草图表现出了凸起的步道和变化着的小屋，它是一系列现场绘制图纸的一部分，它们表明了关于该项目的分析与理解。

● **海滨设计竞标**

沃辛，西萨塞克斯
辉柏嘉创意工坊三角点阵水溶彩色铅笔，绘制于A4光面纸上，用时30分钟

这组图纸是竞标者针对新游泳池建设提交的设计方案。评委给予了高度评价："它是一个景观驱动的解决方案并传达了一个出色的景观概念。它是一个依据周围环境和海滨房屋关系所做出的最优设计方案。"这幢房子也处于19世纪原有的文脉之中（上图）。

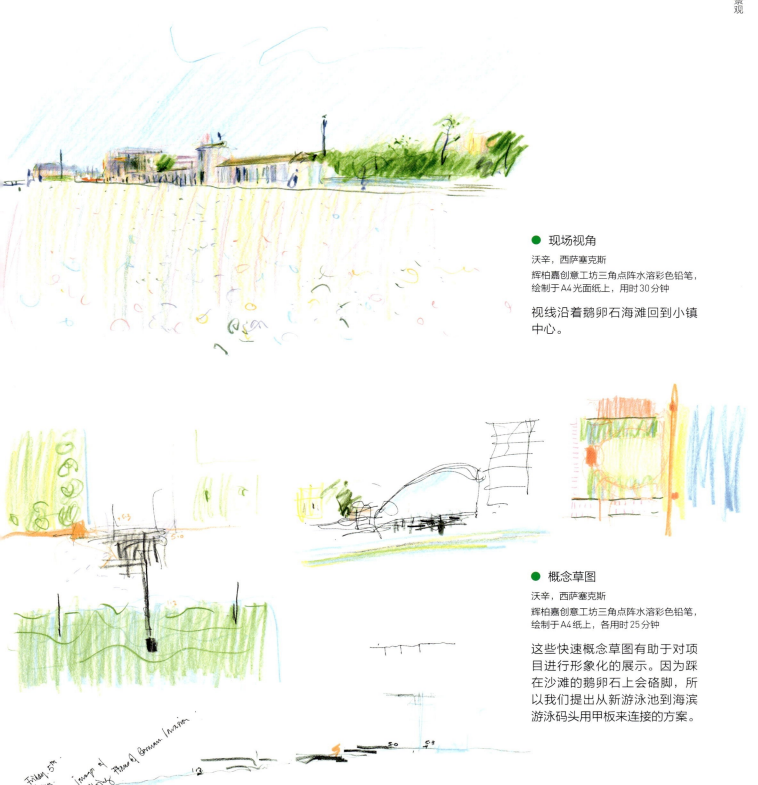

滨水景观

● 现场视角

沃辛，西萨塞克斯
辉柏嘉创意工坊三角点阵水溶彩色铅笔，绘制于A4光面纸上，用时30分钟

视线沿着鹅卵石海滩回到小镇中心。

● 概念草图

沃辛，西萨塞克斯
辉柏嘉创意工坊三角点阵水溶彩色铅笔，绘制于A4纸上，各用时25分钟

这些快速概念草图有助于对项目进行形象化的展示。因为踩在沙滩的鹅卵石上会硌脚，所以我们提出从新游泳池到海滨游泳码头用甲板来连接的方案。

65

● 村落的草地

东格拉夫顿，威尔特郡

施德楼水溶性彩色铅笔，绘制于A3光面纸上，用时60分钟；HB 0.5mm铅笔，绘制于A4纸上，用时15分钟

就像在画中看到的一样（下图），在设计方案中忽视了村舍及附属花园与村落公共草地的区隔处理，使得新引入的常绿绿篱有侵蚀公共社区的感觉。该设计采用"借景"这一手法，借用了成行排列的老菩提树而扩展了视野，使花园感觉更大。这些古树散发着极强的"人格"魅力，村里的居民们都赞成修建一个小型的复杂天井（底图），用来协调对比菩提树的尺度。

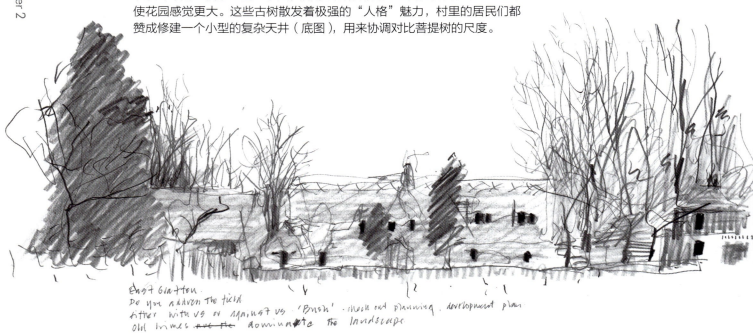

● 从后花园的视角观察

东格拉夫顿，威尔特郡

施德楼水溶性彩色铅笔，绘制于A3光面纸上，用时30分钟

这座现代村舍坐落在一个历史悠久的地方，我们必须尊重这里的守护神和风水，新的景观设计也必须遵循当地的历史文化传统（上图）。

用6个小时的时间来熟悉现场,用3个小时来表现和理解。然后在午餐时间与客户讨论进一步的设计思路。

● 草图方案

东格拉夫顿,威尔特郡

这些草图(左图和下图)讨论了停车库、私人住所和花园之间的美学平衡。

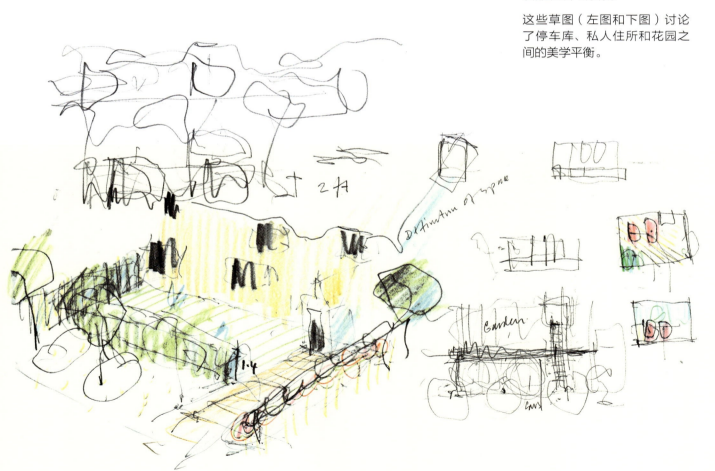

● 草图方案

东格拉夫顿，威尔特郡

辉柏嘉创意工坊三角点阵水溶彩色铅笔，2H 0.3mm铅笔，绘制于A3描图纸上，各用时20分钟

尽管是一个相对简单的解决办法，本设计仍然成功解决了遇到的每一个问题。同时，设计师采用大型模型检测了该地域的高度和比例等基本要素的适用性。

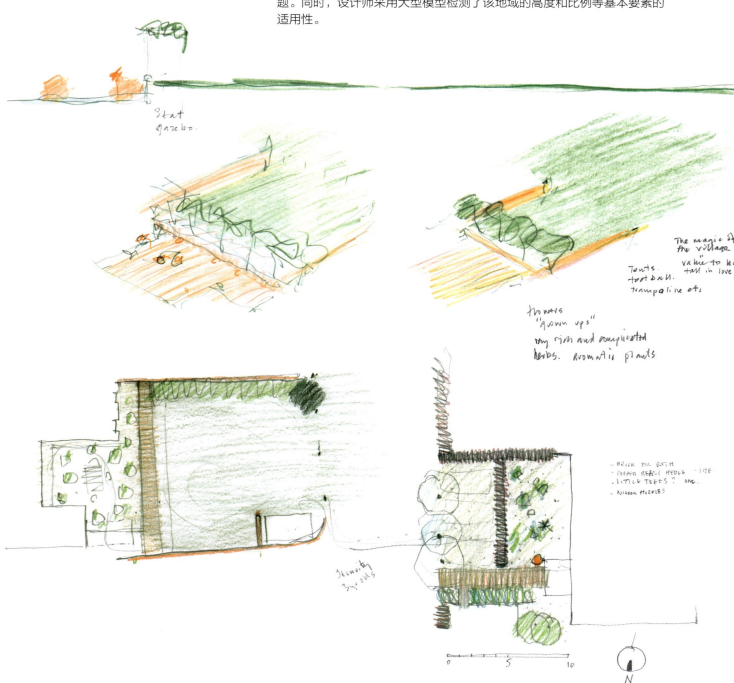

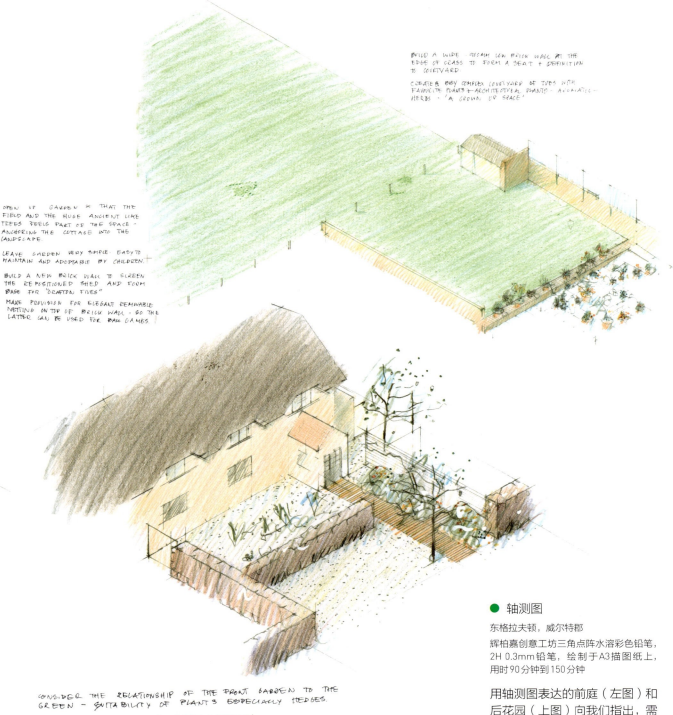

● 轴测图

东格拉夫顿，威尔特郡

辉柏嘉创意工坊三角点阵水溶彩色铅笔，2H 0.3mm 铅笔，绘制于A3描图纸上，用时90分钟到150分钟

用轴测图表达的前庭（左图）和后花园（上图）向我们指出，需要一个低矮的砖墙来增强两个区域之间的分隔。现场实地考察过程中产生了很多想法，回到办公室后我们从中选择了能够成功解决设计问题的想法。

CHAPTER 3
概念表达

概念表达 Chapter 3

无论是建筑设计师还是景观设计师，最能让他们兴奋的就是用纸记录下原创概念的时刻。但是建筑设计师或者景观设计师的创意从哪里来？与其他专业设计师不同，景观设计师的设计任务并不是开始于一张空白的设计图纸，而是涉及对现存空间的设计改造。所以必须保证充裕的时间与钻研的精神持续地与现场空间进行对话，不断深入理解某地现有的设计条件并从中汲取灵感，这样就能产生大量的手稿记录并有助于形成最终的设计。速写本会随着手与脑的持续交互与及时快速的记录而充满速写草图和观察所得的相关信息。这些快速草图可能不是很规范，甚至相当潦草，但在后面的再诠释过程中可以激发设计师的灵感，从而引导设计师发展出其他新的设计方案。当设计需要更加明确的下一个项目阶段时，这些在创意期间绘制的快速草图就变得很难让人信服。与其他人一起考察现场可促进交流与讨论，在现有的景观场景中通过人与人的多边对话更容易产生设计概念与创意。

有时候由于过于强调强制性规范以及对"稳健"设计策略的考虑，设计会缺乏创意。因此有必要寻求一种新的方法解决这一问题。从飞机上鸟瞰地面是一个非常重要的视角，在辽阔天空中获得的观察数据能挣脱地面上视线的束缚，从而找到自然、形态、空间形象等设计要素的视觉平衡。大体量，设计要素，例如建筑或者道路等，将会显得更小而使设计师更容易驾驭和把握。但此时，对整体性和统一性的把握就显得尤为重要，这会使设计师反思针对该地区的设计方案的适用性。虽然航拍的照片比不上从飞机上亲身俯瞰的效果，但是照片所提供的一些特殊视角的图像通常可以在需要时被引入，并可以在检验一个新的设计理念时起到积极的作用。以看似无序的方式表现的草图，同样有利于在项目的初始阶段表达设计创意。这一自由的方式促进了设计师之间的讨论并能产生意想不到的设计创意，同时能够保证其他相关人员参与到创造过程中。一般而言，相关人员的参与非常重要，这是因为符合人们心理预期的设计方案比理论上优秀的设计方案更加重要，特别是当方案是由工作组而不是规划委员会决定时。在这种情况下，主创设计师需要有足够的自信以保持对整个设计过程的控制。

● 集中研究

赖特布克斯，沃金，萨里郡
HB铅笔，绘制于A4速写本上，用时10分钟

草图方案中表现出了运河附近的新入口。其目的在于连接艺术长廊并使其融入周围的景观环境中，草图方案意在减弱运河、小山以及小山上的村庄一带的视域（P70）。

在项目设计过程中，令人兴奋的氛围能够感染每个人，同时也能感染景观设计自身。当一个新的设计方案获得广泛赞誉的时候，景观设计师不能骄傲自满，反而需要在专业职责范围内更加谨慎，因为一个设计团队中的其他成员可能会由于专业的不同而过分地要求在项目中兼顾其他学科对于设计方案的要求。能够以手绘方式诗意地自由表达自己的设计创意，是保持团队团结协作的重要技能保障。最后在草图上添加书面或者口头的描述，能够清晰地传达出设计方案逼真的三维空间关系。

景观设计中关于植物配置的设计图纸一直致力于探索把具象的植物形态以抽象符号形式进行表现的方法。但是不断变化的元素，例如植物的生长趋势、气味和季节等要素很难在纸上表达，而植物的配置在规划方案中仍然必不可少。其实，严格意义上讲，植物的外观并不重要，所以合理的表现方式是用一个象征性的符号来表达，而且通过这种方式可以赋予它们许多其他象征意义。不过这种符号是一个特别个性化的图像词汇语言，需要做出相关的注解并借助人们已经习惯的传统图形来表达。然而在最后的施工操作阶段，由于有大量的植物可供选择，使得植物配置的品种选择任务异常艰巨。在具体实施过程中，仅仅用绿色系的植物来唤起景观设计的活力是一项极具挑战性的任务。

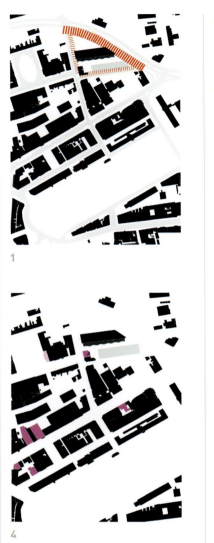
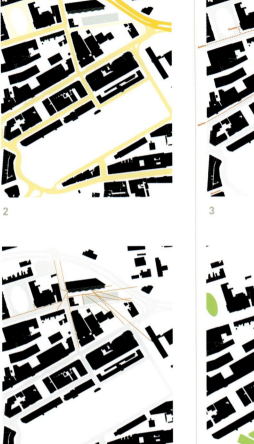

● 图解分析

赫尔历史中心，东约克郡

克劳迪娅·科西利厄斯（Claudia Corcilius）绘制并使用Photoshop处理过的地形图

根据地形测量局提供的现场循环线路以及主要地标绘制的分析图纸。

1. 周围道路交通所产生的噪音。
2. 主要车行线路。
3. 主要人行线路。
4. 咖啡馆和公共场所的位置。
5. 场地中的主要视野。
6. 附近的开放公共空间。

一个精心挑选的项目地址——通过分析研究也许可以带来一个潜在的、与生活密切相关的景观项目，这样的分析研究通常来说能够影响并说服当地的建设决定——让开发商和政府都来支持该设计方案。

● 微气候研究

赫尔历史中心，东约克郡

克劳迪娅·科西利厄斯绘制并使用Photoshop处理过的地形图

通过研究得到了"口袋公园"以及该人行道一年中不同季节在一天当中的阳光获取量。

1. 3月21日和9月21日，上午10：00：入口和公园北侧都处于阳光的照射下。

2. 3月21日和9月21日，中午：口袋公园和柱廊都处于阳光照射下，同时树木投下讨人喜爱的阴影。

3. 仲夏的下午：口袋公园处于午后阳光照射下。

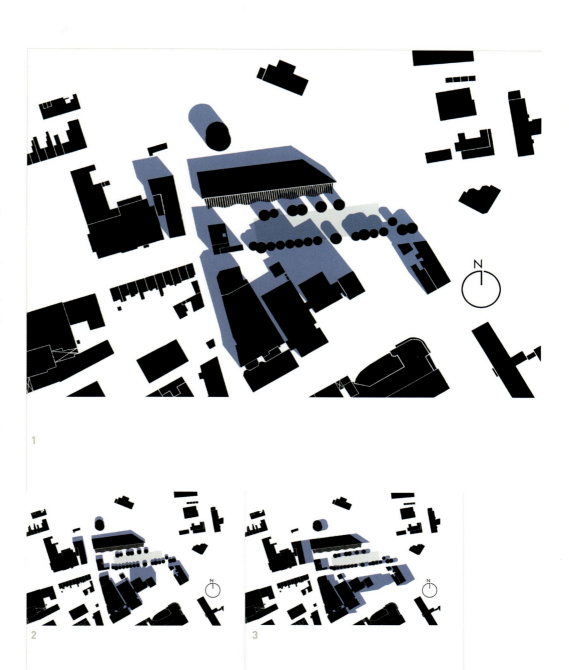

我们走在乡间小路上时，会有意无意地注意到高差关系。从连绵起伏的丘陵到逐渐低陷的河谷，我们无不感受到高低起伏的变化，但在城市中，我们往往容易忽视这种不断变化的景观轮廓。

● 用色彩标识高差

沃尔布鲁克广场，伦敦

贝罗尔彩色铅笔，平面拷贝图上色，海迪·亨德利（Heidi Hundley）绘制于A3纸上，用时1天

我们很难在平面图纸上标识直观的地形高差变化。由于单位尺度的线只能清楚地反映水平方向的高度，但不能同样清楚地反映两点之间的高差，为了处理这一问题，我们尝试了几种不同的方法。这一项目位于历史悠久的沃尔布鲁克河畔，它是罗马时期伦敦最重要的河流之一。虽然现在这条河流消失了，但是仍然能明显地感受到地面向河谷倾斜的趋势，并且有3米的落差。为了清楚理解坡度并进行明显的标识，如同地形图所采用的方式：处在20厘米高差范围内的景物用同一种颜色表示。这种标新立异的方法和对高差关系的详细分析，使得对地面的设计在成本上节约了75万英镑。

● 设计缺陷

肯宁顿，伦敦

在这处刚竣工的景观工程中出现的水洼反映了设计中存在的缺陷。

● 高差关系和给排水系统研究

沃尔布鲁克广场，伦敦

百乐超细钢珠笔，施德楼水溶性彩色铅笔，绘制于纸上（30cm×42cm），各用时3小时

整理高差关系和设计给排水系统的工作虽然非常耗时，但是它能体现出设计师的核心才能，整个设计过程也是一个享受的过程。在研究地形高差的时候，你可以把自己想象成地面上的一滴水珠。理论上来说，它始终会以最短的行程向低处滚动，能有效地说明地面的自然状态。最好能够通过设计改变高差来加大坡度，例如 1:30 或 1:35。若坡度太小，则很难达到设计目的。

概念表达

Chapter 3

● 现场设计

大使馆，大马士革，叙利亚

百乐超细钢珠笔，施德楼水溶性彩色铅笔，绘制于A3描图纸上，用时4小时

在与当地的苗圃工人边走边交流的过程中，我完成了这张设计草图（右图）。在与当地的专家讨论现有和拟用的植物后，熟悉了当地的情况并了解了可供利用的植物储备情况，这为我节约了大量的时间。设计草图充分体现了我们的交流成果。本可以用电子图稿的方式进行记录，不过在纸张上徒手表现更能在视觉上捕获那一瞬间的灵感。

● 草图方案

大使馆，大马士革，叙利亚

百乐超细钢珠笔，施德楼水溶性彩色铅笔，绘制于A3描图纸上，用时6小时

这张方案草图（对页顶部图）是在从叙利亚返程途中的飞机上完成的。离开这个国家，对这里氛围的感受也会逐渐消失，因此在离开前完成这一阶段的设计非常重要；一旦回到工作室，对这个地方的感受更会逐渐消失殆尽。通过景观节点（对页右图）来说明设计中各元素之间的关系。

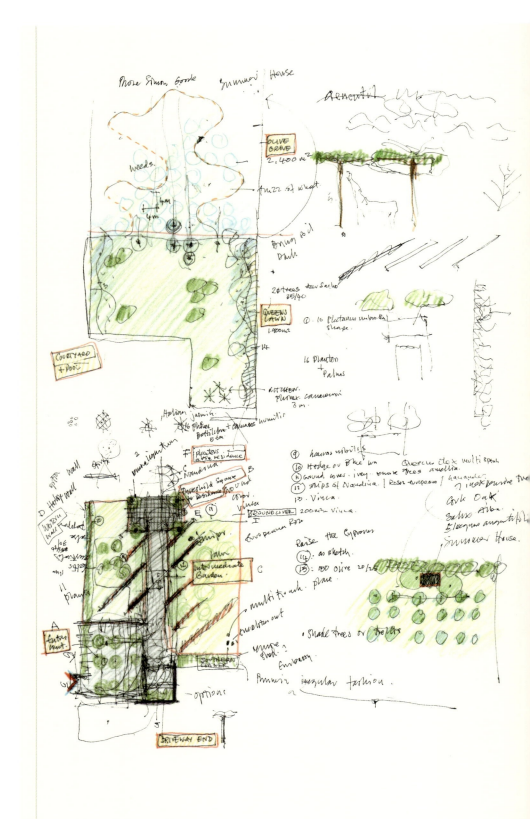

TENNIS COURT
CUT DOWN EXISTING STEEL POLES + NET 6 TO 3.5M
TALL. PLANT JASMINE TO COVER THE WIRE MESH.
REBUILD STEPS IN NEW ALIGNMENT.

POOL AREA
CONSTRUCT RETAINING WALL + PERGOLA BETWEEN POOL +
THE EMBASSY TERRACE. 2.5M TALL FROM POOL LEVEL.
CONSTRUCT RETAINING WALLS BETWEEN POOL AREA + CLUB
GARDENS. PLANT POOLSIDE OF WALL. MAKE WIRE
PERGOLA BY POOL TO CREATE SHADE. PLANT THE WEST
SIDE OF THE POOL WITH GROVE OF TREES.

CLUBHOUSE + GARDENS
CONSTRUCT CLUB HOUSE WITH FLAT ROOF (VISIBLE) INTEGRATED
WITH GUARDHOUSE 25M LONG MAX. CREATE PERGOLA
WALK BY CLUBHOUSE. NEW PATH, STEPS + LAWN.
BUILD 2.5M CONCRETE WALL THROUGH CLUB HOUSE @
90°. CREATE GARDENS + TREES, SHRUBS. ALLOW FOR
PLAY EQUIPMENT.

BOUNDARY TREATMENT
CONSTRUCT BLAST WALLS AS REQUIRED. LIFT UP ALL THE
NEW PLANTING · ITALIAN CYPRESS + ROSEMARY +
PLACE IN A TEMPORARY NURSERY. DESIGN BRACKETS FOR
ELECTRIC WIRES SO THAT THEY ARE CONSIDERED
PLANT SEMI MATURE PINES RANDOMLY

ENTRY COURTYARD
REPAVE WITH A DARK BASALT STONE. TAKE DOWN
ENTRY GATE + CART AWAY. BLOCK UP OPENING WITH CONCRETE
BLOCKS. REBUILD STEPS TO FACE ARRIVAL.
PLANT A GROVE OF OLIVE TREES +
ONE ANCIENT TREE. BUILD A
RETAINING WALL BETWEEN TERRACE
+ COURTYARD.

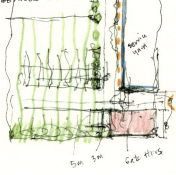

SERVICE YARD GATE HOUSE
CONSTRUCT GATE HOUSE 8M DEEP × 3M LONG. FLAT ROOF.
BUILD CONCRETE BLOCK WALL 3M HIGH TO ENCLOSE EXISTING
X RAY BUILDING STORE ETC · RENDER + PAINT WALL A
STRONG COLOUR.

CAR PARK
CONSTRUCT WALL 2.2M TALL BETWEEN CAR PARK +
STAFF RECREATIONAL AREA. PAVE CAR PARK WITH
DARK MATERIAL · NOT STONE. CONSTRUCT STAINLESS
STEEL PERGOLA OVER · TRAIN PLANTS OVER.
CABLE

BRITISH EMBASSY
DAMASCUS YARPUR 12 NOV.08

● 方案背景

尼姆艺术广场，法国

2H铅笔，绘制于A1硫酸纸和聚脂薄膜上，用时20小时

以轴测图（下图）的方式对以城市为背景的尼姆艺术广场进行了描绘。

● 规划设计的手绘表现

尼姆艺术广场，法国

斑马彩色钢笔，绘制于A1醋酸描图纸、印于光面纸上，用时3小时

这一规划方案（上图）的绘制时间为3个小时，用来探讨新建一条从机场到尼姆的主干道，且要穿过新建成的公园。不过这就会涉及对一个刚竣工的公园进行改造的问题。虽然这一方案最终未能实现，但是这个想法有相当大的可行性；为了避免路线设计的冲突，在设计过程中也做出了法国TGV高速铁路系统的改道规划。

在飞机上鸟瞰下面的世界可以让我们有更广阔的视野，这将有助于我们更加大胆地构思和进行方案设计。

- 概念设计理念

拉米钢笔，绘制于A3纸上，放大至A0规格，用时90分钟

这些手绘草图是在从格拉斯哥飞回伦敦的途中绘制的，是关于将来规划中在这里修建学校的提案。其中，通过设计使游乐场的高度低于周围地面的高度，形成一个露天的游乐场，由此产生的弃土用于平整其他部分的场地。将画面放大以表现局部细节时，图纸并没有失去原有的韵味，而且线条经过放大处理显得更为大胆和夸张。

顶视图

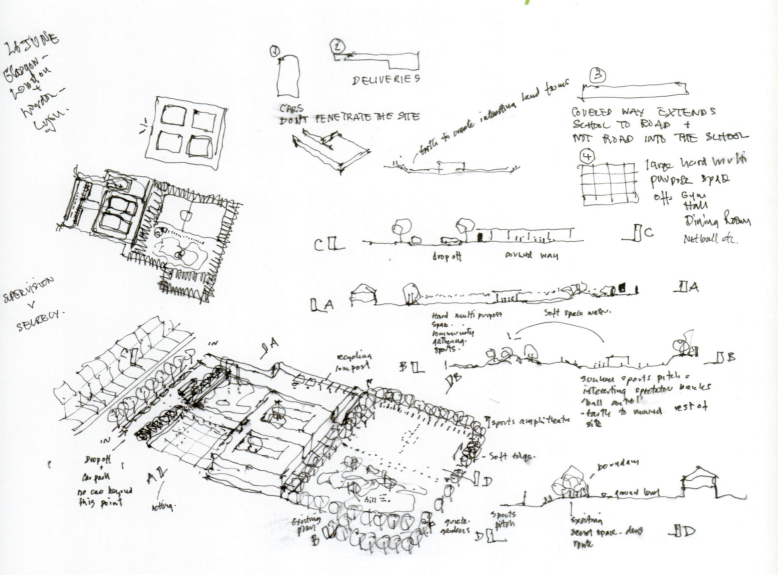

概念表达 | Chapter 3

● **空间规划研究**

七橡树中学，肯特郡

HB 铅笔，绘制于描图纸上（30cm×42cm），用修正液加以强调，各用时 1 小时

这些看起来非常粗糙的铅笔速写是关于新建宿舍景观的提案。描图纸上绘出了航空拍摄的画面，让人产生独立、庄严的视觉感受，有助于人们展开对于三维空间的想象（与二维的平面图不同）。用橡皮和修正液来进行视觉上的强调会产生某种程度上不完美的效果，以便有进一步深入设计的空间。这比许多绚丽的表现方式更接近现实，而且还能更快地完成设计，并节约成本。

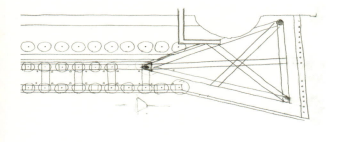

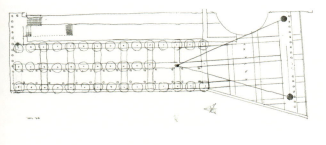

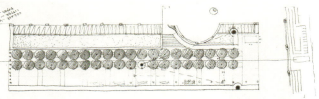

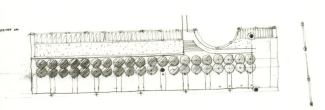

● 为梦想而拼搏

伦敦眼（千禧之轮），泰晤士河畔南岸，伦敦
HB 5mm 铅笔，绘制于A0描图纸上，缩小到1/3规格，各用时2小时

这些方案（左图）是3年前为了配合伦敦泰晤士河南岸"千禧之轮"最后阶段的施工而绘制的。这个结构曾经被认为是不可能完成的，在项目进行过程中成长起来的信心逐渐取代这种认识并最终获得了规划审批。这些摩天轮周围景观的图纸正是绘制于那个令人激动的时期。这些景观设计致力于规划出不同的道路以通向"千禧之轮"。

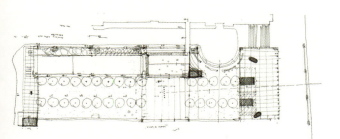

● 最终方案

伦敦眼，泰晤士河畔南岸，伦敦

两排白色的樱花树（上图）渲染出白色花瓣纷飞的美丽氛围。到了春天，花朵会洋溢着热情与温暖，最终这一道路方案被确定用来装饰该栋集标志性和创造性于一体的建筑。

● 道路铺装与植物配置设计创意

劳埃德集团，芬彻奇中街，伦敦
HB铅笔，绘制于A2描图纸上，用记号笔和修正液加以强调，各用时1小时

该设计的出发点是以伊斯兰风格为基调，通过花园和地毯式的铺装设计，使城市墓地再现人间天堂般的美好感觉。这里的"地毯"是哥白林厂生产的包豪斯风格的纺织品，在1932年使用棉花、羊毛、亚麻和金属线制成，并由此决定了植物配置和道路铺装的构成形式。更重要的是通过景观设计明显地反映了该项目的活力。描图纸两侧的色彩用于强调图纸最终的丰富性和视觉效果。

使用明亮的、概念性的色彩代表不同的植物，可以使设计流程变得更顺畅，所以景观设计并不是一个简单而现实的园艺工作。

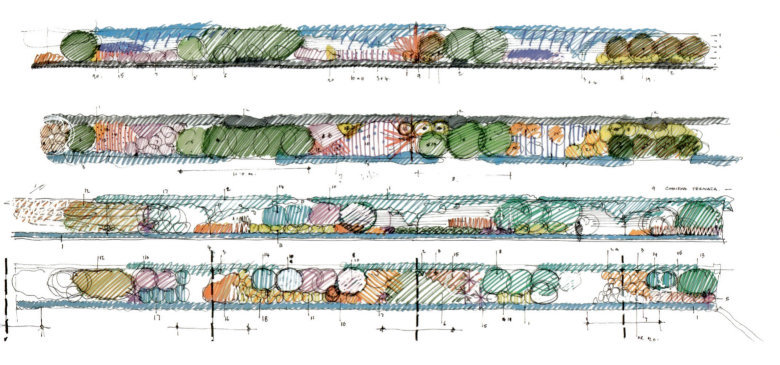

● 板球场上的植物配置方案

罗德板球场，圣约翰木，伦敦

蜻蜓尼龙签字笔和红环0.18针管笔，绘制于A1描图纸上，缩小到1/3规格，用时2天

这些白色开花植物的配置是由八人组成的委员会选择并批准的。样式的变化、组合的方式和比例搭配成为其设计的主要元素。图案、重复和比例成为占据主导地位的设计元素，以使草图描绘背后的植物配置设计抽象概念得以表达。重要的是这些设计方案图由一些技术信息支撑，其中还包括了植物简介（如P87）。

概念表达

Chapter 3

● 为学校做的植物配置

帝国理工学院，伦敦

一个突破常规的植物配置设计方案（右图）可以引导学生进入校园。

● 灵感的获取

罗德板球场，圣约翰木，伦敦

蜻蜓尼龙签字笔，绘制于A3描图纸上，各用时45分钟

虽然我们能够从艺术作品中汲取灵感，不过令人失望的是图画不能反映出四季自然的变化，不能忠实地表现植物的生长情况。

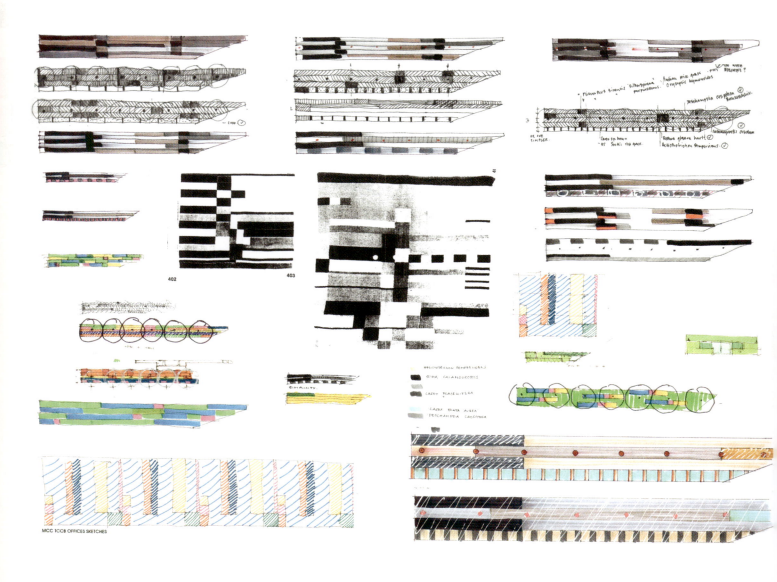

在图纸上客观实在地表现植物是很困难的,因为在一年中植物会发生巨大的变化。此时利用色彩的冷暖对比来表现植物配置方案,对我个人来说是一个很好的方法。

- 平面图和立面图

帝国理工学院,伦敦

蜻蜓尼龙签字笔,绘制于描图纸上,用时1小时~2小时

这两张图纸是为了质疑和检验位于南肯辛顿的伦敦帝国理工学院入口处新的植物配置设计概念而设计的。这两张速写(上图)表现了由拟用的植物所渲染出的环境氛围。

- 植物配置简介

圣约翰学院,剑桥大学

每一个设计项目生成的植物配置目录(左图)都是建立园艺信息的重要来源。每种植物的简介,比如鳞毛蕨或金星蕨这些不常见的植物,都应该包含植物学和来自于更为广泛的专业领域的技术性信息,在为客户提出植物配置方案时这些数据都非常有用。

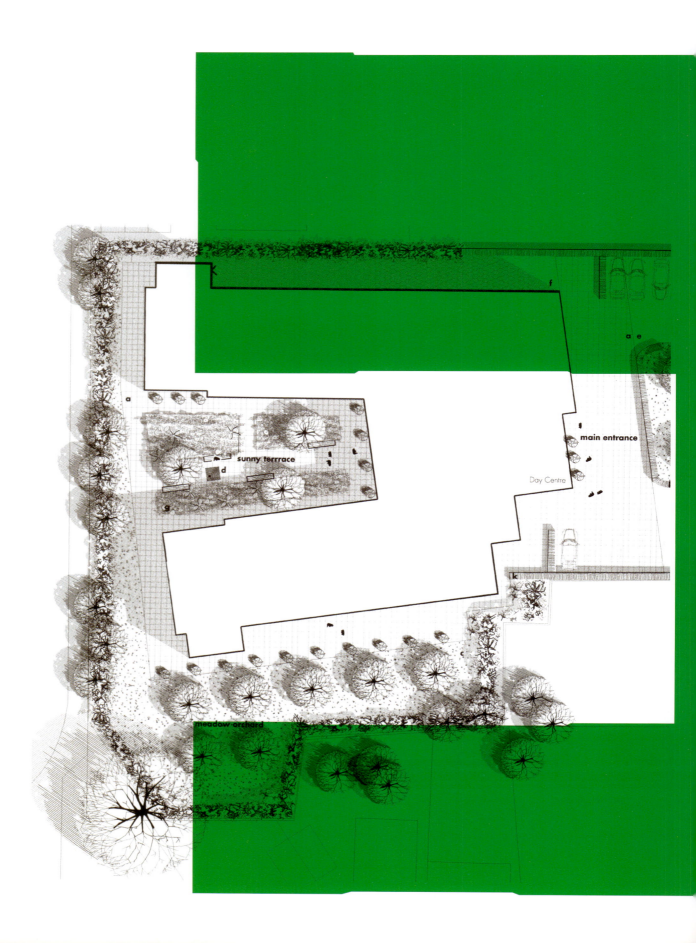

CHAPTER 4
平面图、剖面图和立面图

平面图、剖面图和立面图

Chapter 4

在景观设计过程中，景观设计师有很多工作要做，比如找到新的解决方案来重新定位并让该地块焕然一新。为了全面描述整体提案和设计方案，设计师在传达设计想象力时需要精心准备。在概念设计阶段，景观方案设计图应该绘制得比建筑设计图纸更严谨。他们需要通过展示优秀的设计方案传达出一些列包含设计整体基调和设计师技能的特征来赢得信誉。成功的设计提案需要体现出客观理性和主观感性之间的平衡，没有任何捷径可走。

编目的符号和材质能够让设计图纸充满个性。它是寻求设计理念持续可视化传达的最好方式，而且能确保不断深入细化的设计表现充满新鲜感。在平面图上，利用阴影可以有效地塑造空间关系，也可以通过投影的密度或长度来反映一天或者一年当中的时间关系。归纳出明暗之间的反差，即明暗关系能帮助设计师理解平面图上的三维空间关系。当我们在电脑中利用这些随意描绘的符号和标注时，为了避免这些数码图像严重脱离客观实际，在转换这些绘制的符号时，有必要进行一些思考。一般来说，原始的手绘图纸需要在电脑屏幕上用不同粗细的线型进行描绘以创造出可以任意使用的基本图案。

一个优秀的景观设计会使人沉浸于丰富的图像中。在设计中反映出的不是一个个单调乏味的画面，而表达了一种该景观设计所体现的生活态度，在浏览图像时也可激发客户的想象力，并以它为参照，构想出与设计图纸相似的曾经到过的地点，用来弥补静止的方案图像中的不足。这种激发以自己的经历作为参照来想象画面的能力是值得开发的行之有效的技巧。同样，作为与虚构场景保持较少联系的黑白表现图纸有时候比彩色表现图纸更能刺激人的想象力。传统的蚀刻和雕刻给人们留下了美丽图案，它们以自身为介质通过线条演变出非凡的文化财富和思想内涵，这些古老的图案可以激发当代人的创作灵感。能让我们得到一张优秀的数码图像——精美的传统雕刻图案通过电脑上线型处理和线条阴影的变化得到。数字化图像技术的不断向前发展可以帮助我们从传统的图案中获得相关的灵感。

● 福利院景观

威尔登，东萨塞克斯

Vectorworks软件，由玛蒂尔达·琼斯（Matilda Jones）绘制，用时3天

这是为设计和建造老年福利院而提交的部分竞标图纸，此方案的设计理念意在说明令人愉快的英式花园景观环境能够为福利院创造新的环境（见P88）。

有时候需要直接向客户提出最原始的设计理念与想法，其反而优于正式的平面布置图纸所能达到的效果。之所以会产生这样的情况可以归结为多种原因，一是所给定的时间有限，二则是景观设计仅仅是整个项目中的很小部分，客户不会逐一研究整个设计方案。在这种情况下，为了节约时间通过简单而迅速的卡通式的手绘表现来传达其设计理念就显得尤为重要。这种形式的方案图纸需要提炼至少6类基本的景观设计要素来进行集中讨论。这些图通常都是快速地在纸上通过手绘表现出来，然后扫描、上色。它们强调那些关于设计方案的重要部分，反映出的草图概念设计的自由性与平面彩色印刷的完美规则形成一种平衡关系。它们也便于复制，因此经常用于报告中或投影于荧屏上。其中良好的控制和运用色彩能力至关重要，可使画面充满活力。从色表中精心挑选的色彩可以为画面赋予持续的同一性，即使一系列的图纸由若干不同的人绘制，也能达到良好的效果。

景观图像具有自身的随机性和不确定性。所以很难客观地将平面、立面图绘制于规定的X、Y轴形成的坐标系上，为绘制生动的平面图和立面图，利用一些手工标注或者符号结合电脑标注是行之有效的方法。

人们利用工具和颜料着色来创造图像，距起始年代已经非常久远。利用放射性碳年份测定技术，我们得知法国西南部著名的拉斯科洞穴的壁画可以追溯到一万七千年前的旧石器时代。

● 色彩检测
此页图是在其他地方打印出来的，以便与原始的图纸色彩进行比较。

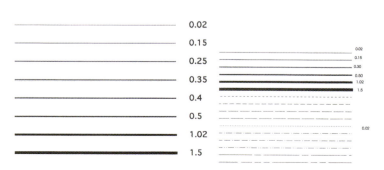

- 线条符号

这些线条符号（上图）是受到16世纪阿尔布雷特·丢勒（Albrecht Durer）版画的启发而创作的，铅制品的浓淡、粗细以及承受压力等属性具有较大的适应范围，使我们在使用铅笔绘图的过程中充满乐趣，虽然创作过程会有一些复杂。另一种尝试（上图和右图）探索了铅笔符号数字化的可能性。

手工绘制设计方案在1959年时经历了一场革命，通用汽车公司开展了利用电脑程序设计汽车的研究。之后在IBM电脑公司加入该项目，并在合作一年后于1963年研制出第一款计算机辅助设计程序。这标志着数码制图时代的到来。

平面图、剖面图和立面图

Chapter 4

● 树的立面

迈特广场，伦敦

一个新的景观方案必须做到能与现有的景观相互融合，结合现有的树木轮廓线以确保设计方案与原有景观的协调性。虽然这个过程很费时，但是往往能够被证明它是值得为之付出努力的。

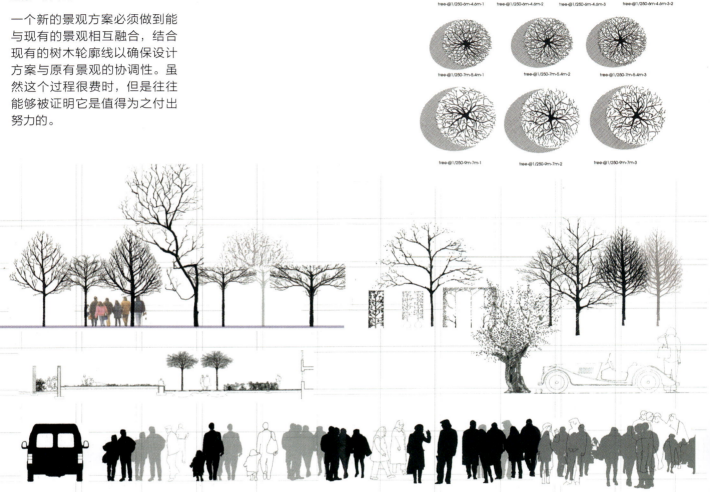

在绘制立面图和剖面图时，在其中加入人物和植物会使得设计方案显得更有生命力。收集关于人们走、坐、谈等不同形态姿势的素材非常有用。概括整理这些图片并建立素材库，一旦需要就可以在后面的阶段中直接运用。

● 打印肌理效果

艾迪记号笔，辉柏嘉创意工坊0.25艺术钢笔，0.3mm铅笔，蜻蜓尼龙头签字笔，绘制于A3描图纸上

熟悉商业打印机的特性及其限制，就能够很好地避免因不满意打印结果而与打印商的争执。

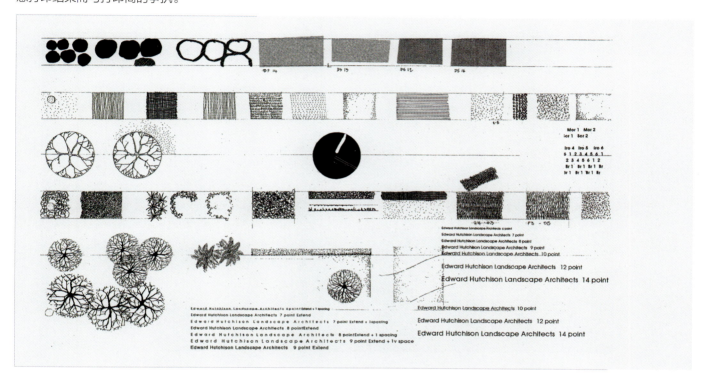

● 数字化手绘符号

为创建数字化图像进行了各种各样的扫描符号实验。事实上，该种实验是一个非常繁琐的过程，在植物配置设计中，相对手绘而言并没有很多实际的优势。

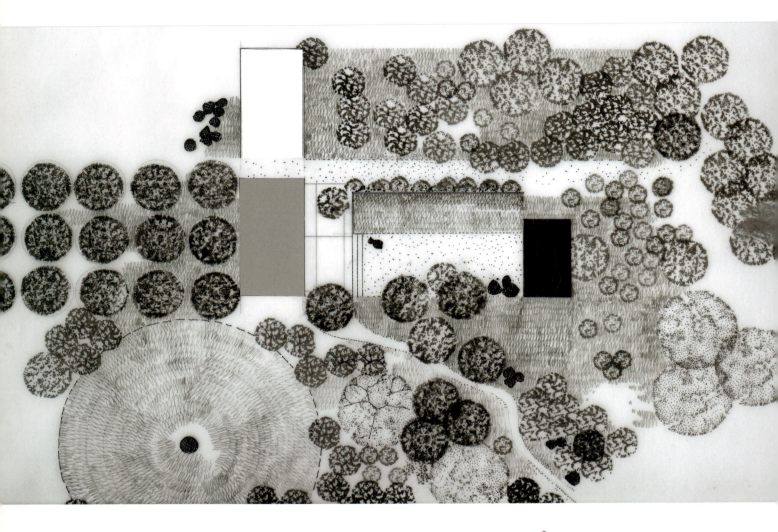

- **使用橡皮印章**

  墨水、钢笔和橡皮印章，绘制于A3描图纸上，用时3小时

  根据不同类型的植物形象制作的橡皮印章（上图），基于不同植物详细图像的印章蘸上不同强度的墨水印盖在纸上，可借以表现植物的不同个性特征。同时尝试用铅笔和墨水搭配也表达了相关图像（右图）。

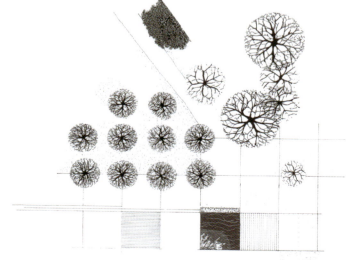

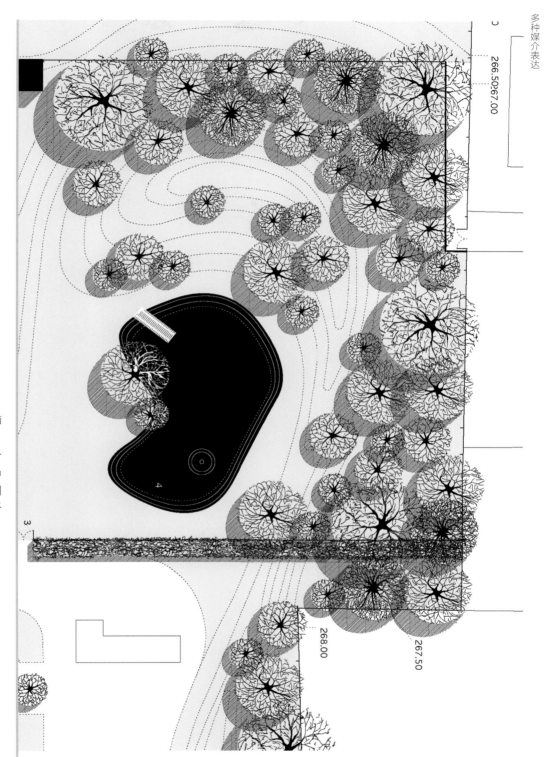

● 打印数字方案图
Vectorworks软件,由克劳迪娅·科西利厄斯(Claudia Corcilius)绘制

熟悉打印机的性能后,我们才能得到想要的打印效果。其中最基本的问题是图纸的尺寸问题,用于A0纸进行打印的电子文件有可能达到30MB。

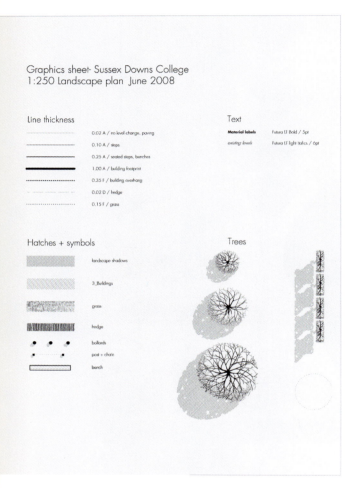
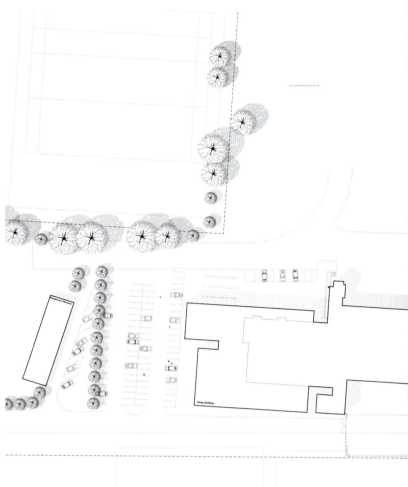

● 制图模板

萨塞克斯大学,东萨塞克斯
Vectorworks软件 由 玛 蒂 尔 达·琼 斯
(Matilda Jones)绘制于A0纸上

绘制不同尺度的地块时,其图纸需要不同的线型来表现,以便人们能顺畅地浏览图纸并很好地理解它们。对线型的平衡协调是一个漫长的过程,所以记录是必不可少的。

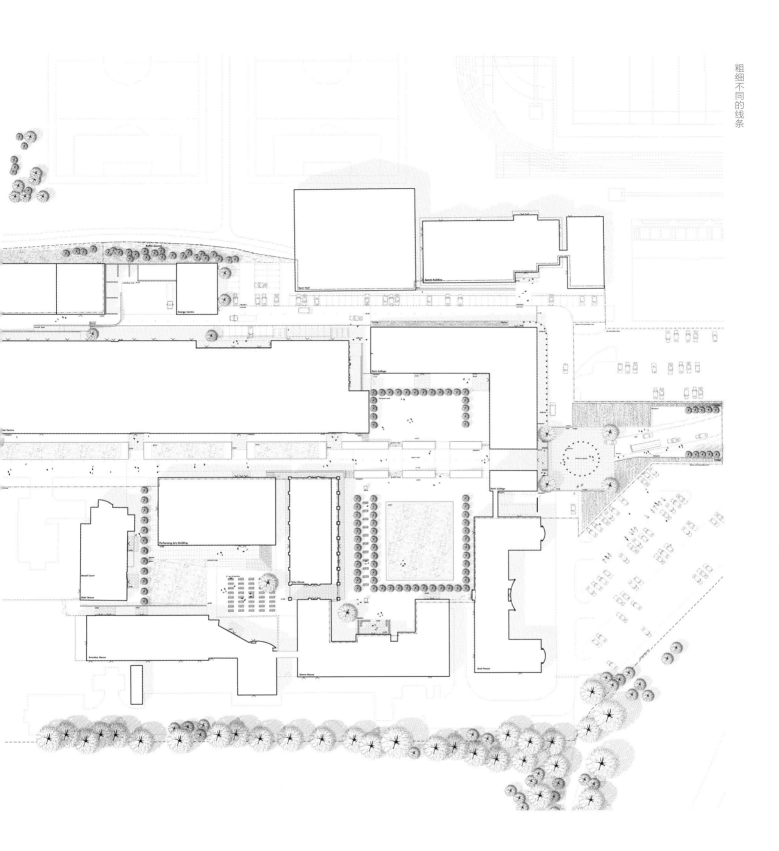

粗细不同的线条

● **电脑绘制方案图**

沃尔布鲁克广场，伦敦

Vectorworks软件，由海迪·亨德利（Heidi Hundley）绘制

绘制沃尔布鲁克广场景观设计图用时超过了200个小时，但是与18世纪罗马的詹巴蒂斯塔·诺利（Giambattista Nolli）绘制的广场地图相比，耗费的时间完全不值一提。绘图的重点在于必须明确让·努维尔（Jean Nouvel）和诺曼·福斯特（Norman Foster）在景隆街的设计方案中其环境周围的街道、商店、教堂的背景和尺度。在第一次徒步考察该地区时就获得了这种感觉并且留意到了行人安全岛护柱、树木等之间的关系，另外还要考虑商店之间的距离。通过图纸可以与文前的图纸进行比较。图纸的精确程度反映了其是否尊重当地的客观事实，尽管采用电脑绘制，但与较早的手绘稿相比，体现着相同的内涵。

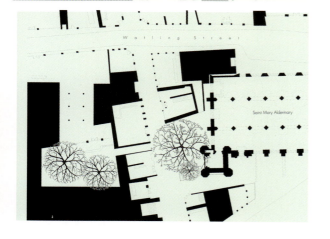

● **填充研究**

沃尔布鲁克广场，伦敦

Vectorworks软件；由海迪·亨德利（Heidi Hundley）绘制

一旦进行矢量化的制图，数字化的结果就可提供尝试在填充区域中用不同粗细和风格的线来进行表现的机会。

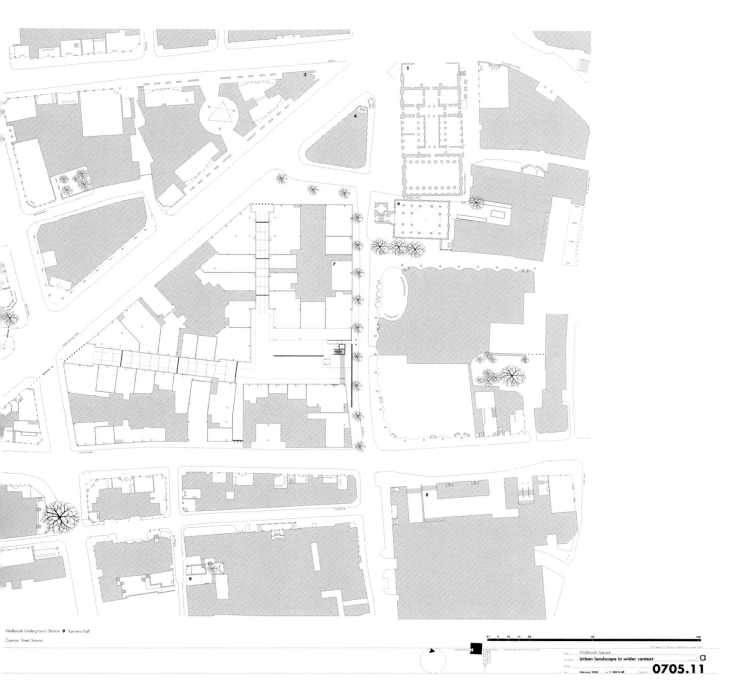

利用计算机制图，可以充分保证其准确性。在需要保证制图精度的情况下，就不应该采用手动绘制的方式。

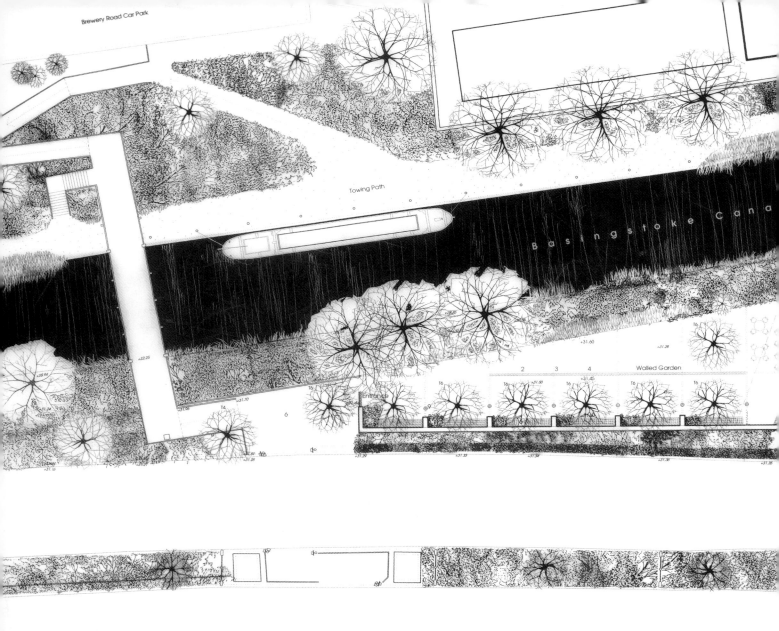

在绘图中交叉混合使用多种不同的表现工具可以使效果更加生动逼真。纯数字化的图纸充满技术性,却会显得有些呆板。若配合使用铅笔、墨水等可以突出和强调主要的设计理念,最终创造出一个更优秀的设计方案。

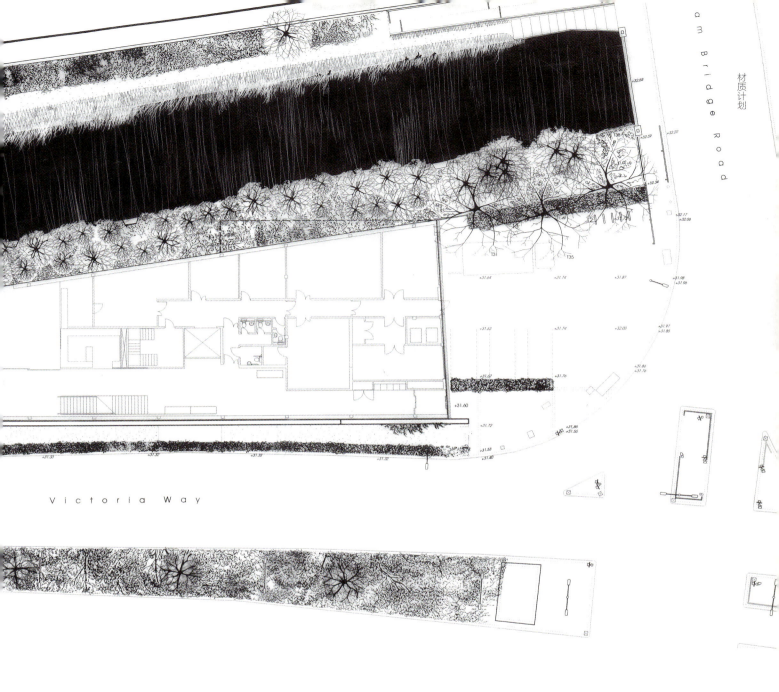

● 艺术画廊实地平面图

缩略图版面，沃金，萨里郡
Vectorworks软件，辉柏嘉创意工坊艺术钢笔，使用刀片刮割于A1描图纸上

这张图纸作为一个规划方案被提交上来，目的是反映其周边的地理环境关系：这是处在修建艺术画廊方面存在许多问题的地块。区域中别扭的楔形是由一条18世纪的运河和六车道的环城路交错形成，而通往画廊的主入口处则需要经过运河边的被大量石笼墙遮掩的花园。该图反映了艺术画廊、道路、新的景观和运河边植被的丰富性。

利用表现手绘的特质弱化其表现的视觉冲击力，使其融入整体环境中因而更易于被接受。如果用更为直白、冰冷的电脑图像加以表现，就算是对该地区非常熟悉的原住民也会感到有些陌生。

● **住房和学校的设计理念**

埃克斯顿蔡斯学校，肯特

辉柏嘉创意工坊0.13、0.18、0.5艺术钢笔，贝罗尔彩色铅笔，绘制于A1描图纸上，并缩小到1/3规格，用时2天

这张图纸是为公众咨询会议而准备的，该图纸描述了开发部分学校操场用于住房建设的提案。它以地形测量图与鸟瞰图为背景并被绘制于描图纸上，透过描图纸用以标记那些最重要的景观节点。每棵树都用相对正确的比例绘制出来，包括许多在地图上没有特色的小树。经过这样的处理过程，使繁琐的住宅扩建工程用简化的方式表现了出来。

策略规划

平面图、剖面图和立面图 Chapter 4

● **护理房的平面图**

黑斯廷斯和罗瑟，东萨塞克斯郡
Vectorworks软件，由玛蒂尔达·琼斯
（Matilda Jones）绘制于A3纸上，各用时3小时

这是一部分参与老年公寓设计和建设竞标方案的图纸。树木部分先手动绘制，然后在计算机上重绘，用不同的线型来表示不同的单元。草坪采用硬铅笔和钢笔绘制，然后对其扫描处理加工。最重要地块的图纸则由景观设计师绘制，以避免被团队中其他人曲解或影响。

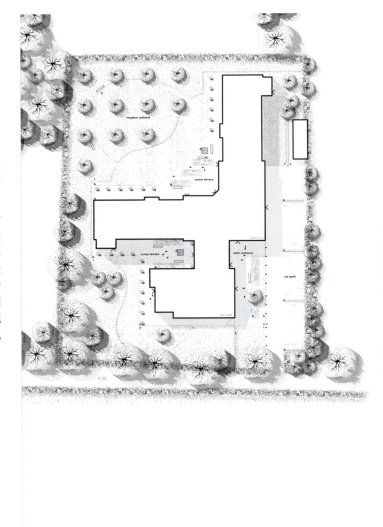

细致的黑白景观线描充满生机，能激发浏览者的想象力。这些图纸力求达到数字化图纸般的精度和效果。

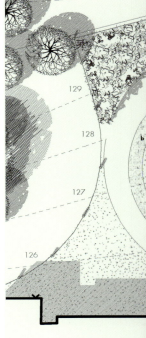

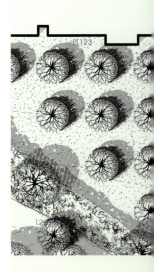

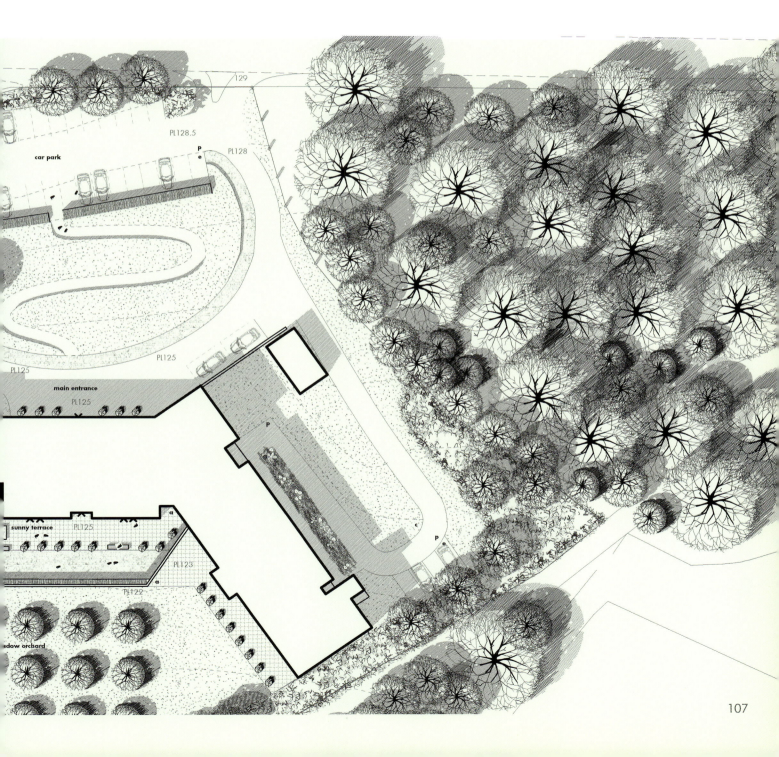

两所学校的扩建

彼得莱斯学院，汉普郡

辉柏嘉创意工坊0.13、0.18、0.5艺术钢笔，绘制于A3描图纸上

这是一个停车场的景观设计提案（下图），用以配合彼得莱斯学校附属的敦赫斯特小学（年龄：7岁~13岁）和邓恩安妮幼儿园（年龄：3岁~7岁）的新景观设计。

色彩过于浓厚的话会影响图纸线型的表达，因此所选择的填充颜色应该适当素雅柔和。图纸剩余的空白部分成为设计者可任意发挥的构图空间。这样草坪、公路、小径就可以有多种表达方式。

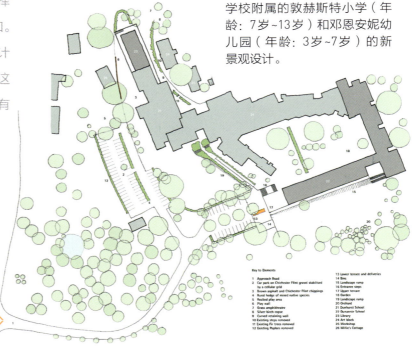

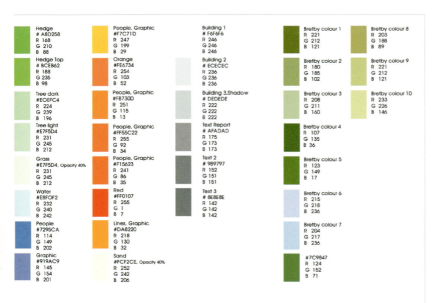

● 学院设计的理念

迈克尔蒂皮特学院，兰贝斯，伦敦
辉柏嘉创意工坊0.13、0.18、0.5艺术钢笔，绘制于A3描图纸上

这是为了适应学校的特殊需求所做的景观提案（右图），本校是首个根据未来计划的建筑样式所兴建的。

● 开发区的景观

伊普斯威奇，萨福克
辉柏嘉创意工坊0.13、0.18、0.5艺术钢笔，绘制于A3描图纸上

这一设计（P108下图）加强了现存海关大厦与新开发设计地块的联系，增强了他们之间的互动。不过由于被新建的道路所封闭，目前此地的潜力还没有完全在现场的背景环境关系中显现出来。

平面图、剖面图和立面图

Chapter 4

110

反差较低的色彩

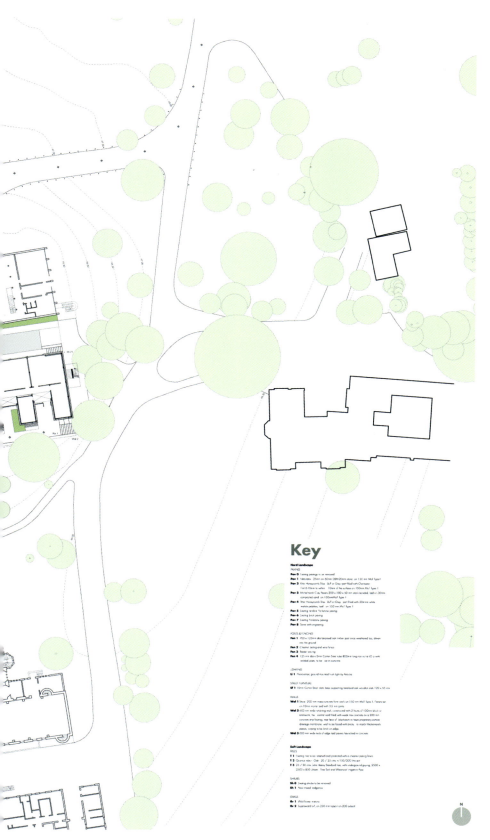

只要仔细地加以平衡，数字化的景观规划有时也能传达出与规划线图相似的亮点。用一个元素作为重点去表现能够提升图纸的表现力而使其达到一个更高的水平。在这个案例中，用色彩强调了现存和拟用的植物。

● 部分重建

彼得莱斯学院，汉普郡
Vectorworks软件，由克劳迪娅·科西利亚（Claudia Corcilius）绘制于A0纸上

奥查德大楼（OrchardBuilding）的总体规划，该大楼是学校的核心部分。

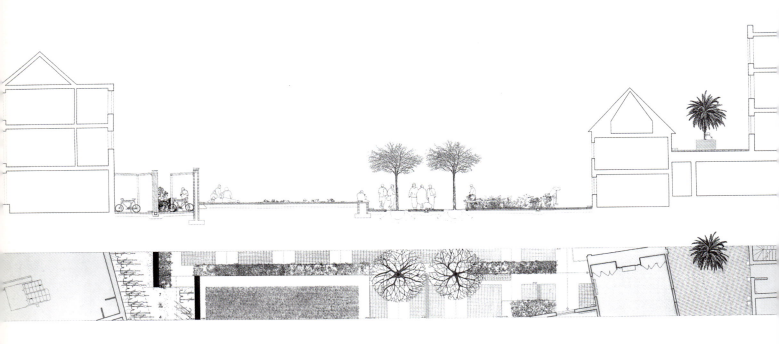

● 剖面图

圣约翰学院，剑桥大学

Vectorworks软件，辉柏嘉创意工坊0.18艺术钢笔，3H 3mm铅笔，由克劳迪娅·科西利亚（Claudia Corcilius）绘制于A0纸上，用时3天

这个项目的景观设计开发经历了5年的时间，与建筑师和景观设计师一起工作共度的时光令人愉快，这一切都体现在了设计图纸中。建筑部分是形成空间和景观设计的基础。剖面图和平面图是表达设计提案三维空间关系最好的方式。硬质景观的图纸（顶图）被印在描图纸上，软质景观可以使用各种绘画工具表现在上面。关于开发庭院的正式设计方案最终没有被采用（上图）。

剖面和细节

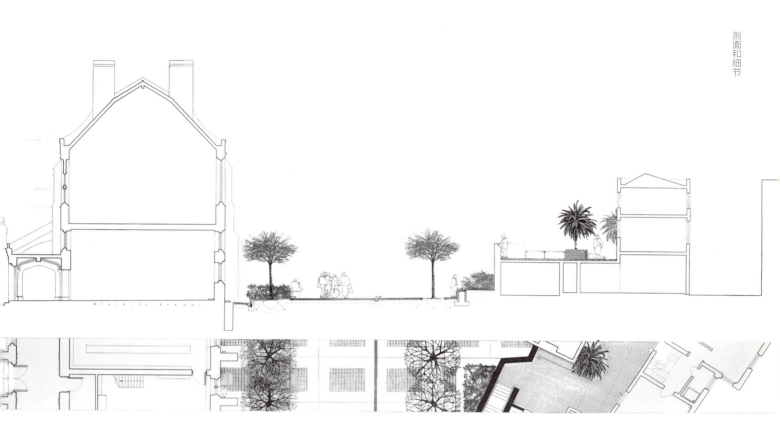

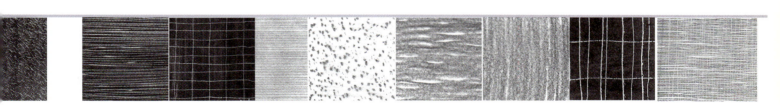

● 铺装素材库

B 5mm，2H 3mm 铅笔，记号笔，配合斯旺莫顿手术刀刀片进行刮割

我们可以充分地发挥想象力来设计漂亮的景观铺装纹理。当然这需要一定的技巧，如果控制不好，地面就像铺了一片片毫无生气的硬瓷砖。

平面图、剖面图和立面图

Chapter 4

虽然绘制剖面图的过程非常耗时,但它始终是必不可少的环节。剖面图对于空间关系的表达非常有用,当客户不能理解平面图的时候,它能解释方案中的丰富内容。此外,剖面说明图通过展示娴熟的比例变化表现方式可强调在一个涉及多学科的项目中景观设计师的作用。偶尔夸张设计的一部分,或者简化另一部分,能够突出图纸的效果从而更好地说明设计提案。

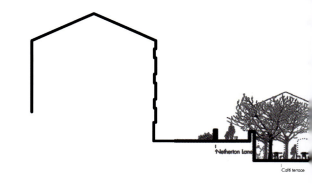

● **竞标方案**

伍斯特,伍斯特郡

Vectorworks软件,由安吉拉·奥纳德拉布兰卡(Angela Oña de la Blanca)绘制于A0纸上

这些图书馆与历史博物馆设计竞标的剖面图是为了说明图书馆基地应高于临界水位,明确了它与口袋公园以南的酒店、阳台和停车场(顶图)之间的位置关系。随着图书馆的高度变化,口袋公园的剖面详图会产生三个高差关系(中图)。公园的截面图显示出咖啡馆和露台的高度超过了北面的铁路桥拱洞(下图)。

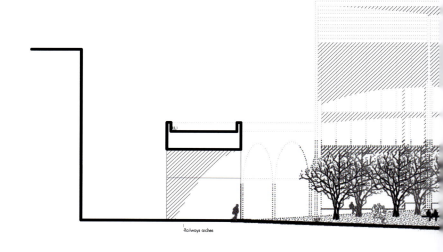

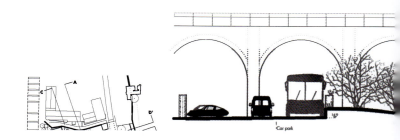

114

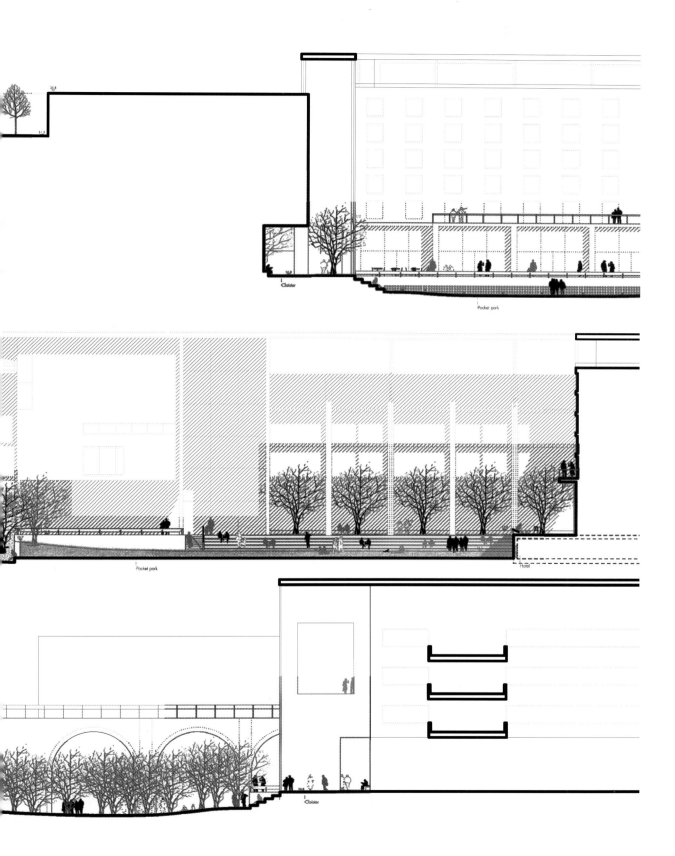

CHAPTER 5
透视图

透视图

Chapter 5

仅仅是画蹩脚的透视图非常容易。但在当今社会中，能掌握精确的透视技法要领的人变得越来越少。因此用电脑程序来制作透视图理所当然地成为一种不可或缺的表现方式。通常情况下，我们描绘这些图像时不能站在一个地方持续观察，对于它们的描绘还需要对于消失点和视线有足够的考虑。过去，设计师常常以一种通俗易懂且令人信服的表现方式向客户表达他们的景观设计方案，大多数的委托项目就依赖于设计师的手绘技巧。设计师通过这些精美的设计作品以优雅的方式表达出他们的设计理念，而且常常是出自于设计团队外的其他人之手。但是随着电脑软件技术的不断发展，这些设计图的制作方法发生了改变，现在要制作室内透视图是一件非常容易的事情，这对于透视图的制作方式来说，或许是一种"飞越"。

但是设计师的手绘部分仍然是透视图的制作过程中起着沟通作用的重要角色，具有不可替代性，手绘制作透视图的优势不容低估。抓住一个创意想法以三维形式的草图迅速手绘出来的这种方式能锻炼设计思维的活跃性。这些还未实现的创意想法常常使设计师们在一个设计过程的最初阶段里就能迅速地掌握作品中的设计理念。充满激情的设计师们在设计的过程中通过一些轻松快捷的透视图来表达他们认为重要的设计理念，他们以这种方式来体现整个作品设计理念的精髓。虽然在这种情况下所形成的这些设计创意通常都很容易被推翻甚至会对整个方案造成误导。令人惊叹的是设计师创造的转瞬即逝的图像往往会成为设计作品中的重要视觉元素，并且设计师们在一个设计作品后续的生命中往往能够始终坚持着自己最初的设计构想。

如今的建筑透视图通常是以照相写实的形式向委托方展示。这种方式要求所提供的信息在用软件程序进行设计的初级阶段就达到一个很高的水平，但是不管它所提供的信息达到一个多么成熟的水平，如果在整个设计决策里它只提供一些详细的设计说明，那么设计师仅仅只能创作出一幅透视图。这种图示要求会迫使这个团队对设计的早期阶段里的每一个视觉元素做出选择，并最终常常采取折中

● 山间小屋
斯嘉丽特斯，弗尼斯，肯特
百乐超细钢珠笔，辉柏嘉创意工坊三角点阵水溶性彩色铅笔，绘制于A3的光面纸上，用时30分钟

这张研究性的速写描绘了两栋新房子的建筑结构，其位于一幢16世纪时期文物建筑的背后。在强调老房子的重要性的同时，它的创作理念中同时也包含了对农村空旷辽阔的景观特色的表达（见P116）。

的方案。用透视图展现设计方案中理想化的美景也非常具有吸引力，一片蔚蓝的天空，每一个人都装扮得漂亮，并且所有事物与环境完美地融为一体。当然，很难判断创作一幅或者其他一些并不理想的图像要付出多少代价，但是这些图像很难再被继续完善。

大多数人对信息的关注仅仅源自他们的个人兴趣，但是掌握信息范围的广泛程度却十分重要。一个人在凝视远方的一处风景之后，他的脑海里最多只能保存六个图像要素。基于这样的原理，尽可能地依据这些信息绘制直接而有效的透视图，但它确实只包含了很有限的信息（例如关于这些建筑细节的设计或者原材料的选择）。过去一些最成功的描述性的速写就是基于转瞬即逝的印象所创作，这样的创作方式能使设计师全神贯注于设计所需要的关键要素——情绪、尺寸、光质和人们如何利用空间，这些设计要素填充了委托方想象空间的空白。

设计图纸的构图非常重要，以3:8的比例对图纸进行水平分割是表达景观设计常用的最好方式。同时这也是一种充满动感的比例，设计师通过压缩图纸的空间而致力于前景和天空的表达。经常在速写本上练习透视图表现，对于个人提高绘制能力的信心起到至关重要的作用，但也不能过于强调。一旦设计师能在其他人面前自如地进行表现，就会赢得委托方、同行以及技术人员的尊重。当获得这种表现技法之后，就能有效地运用语言和视觉沟通来表达自身的设计理念，并确保设计方案及视觉传达的准确性。

透视图

● 矿渣堆的再利用

斯彭尼穆尔，达勒姆郡
HB、2B 和 3H 铅笔，绘制于 A1 描图纸上，缩小到 1/3 规格，用时 12 小时

这三幅素描是在以"将艺术融入景观"为主题的竞赛中的获奖作品，随后在伦敦蛇形画廊进行了展出并在获奖人中间交流。它们的主要意义是使斯彭尼穆尔郊外的一个矿渣堆得到重新利用，因此这个设计提案的内容是将一个足球场合并到以前的工业用地景观规划中去。对原生植物种类进行大量生态学研究，再加上生态学家的实地考察，这些实践都能让设计师更深刻地理解其中的一些相关问题。

在速写过程中转瞬即逝的大自然景象常常能被设计师捕获并快速绘制出一幅透视图，这些透视图甚至比一些构图完整的作品显得更加迷人。它的重要作用是让人们捕获灵感和兴奋点，尽可能地保证作品的精准性，能够创造出一幅令人信服的表现图。

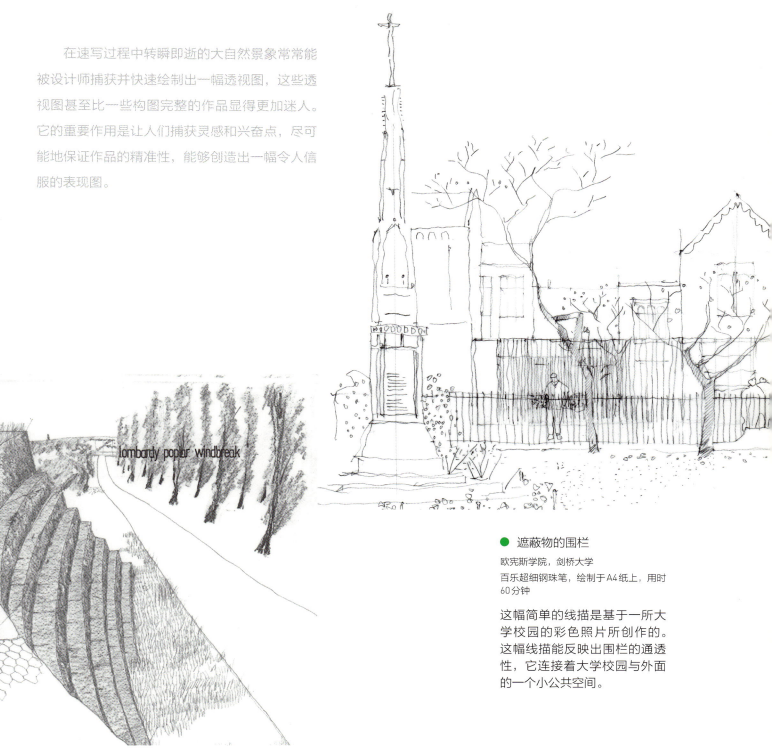

● **遮蔽物的围栏**

欧宪斯学院，剑桥大学
百乐超细钢珠笔，绘制于A4纸上，用时60分钟

这幅简单的线描是基于一所大学校园的彩色照片所创作的。这幅线描能反映出围栏的通透性，它连接着大学校园与外面的一个小公共空间。

透视图

Chapter 5

借助绘制透视图的技能能够清楚地表达个人的设计理念，同时其也是在多学科团队中进行积极有效沟通的关键技能。这些速成的透视图有利于对平面图和剖面图中的相关信息作进一步完善。

● **视觉屏障**

英国高级专员公署，新德里，印度

百乐超细钢珠笔，辉柏嘉创意工坊三角点阵水溶性彩色铅笔，绘制于A4纸上，用修正液适当表现高光，用时30分钟

除了现有的这些树之外，树篱作为一个良好的视觉屏障可用来遮挡这一新建停车场。

● **大使馆入口**

英国大使馆，大马士革，叙利亚

百乐超细钢珠笔，辉柏嘉创意工坊三角点阵水溶彩色铅笔，绘制于A4纸上，用修正液适当表现高光，用时30分钟

这幅速写表明了如何利用植物配置设计来强化大使馆入口的通道，在一定的距离内构建了一个通向小山丘的视觉长廊。

透视草图

TOTTENHAM HALE STATION
ALL VERY SEVERE

● 一座人行天桥

托特纳姆火车站，伦敦
施德楼水溶性彩色铅笔，绘制于A4纸上，用时30分钟

这些最初设计的草图是旨在研究分析伦敦北部的一个长500米的"绿色之桥"而举行的设计竞赛中所创作，它能使行人同时跨越马路和铁路双重轨道。这座倾斜的绿色墙不仅能创造一个与世隔绝的花园，还能掩饰一些没有被遮挡的与环境不协调的因素。但是评委们却认为这个设计作品显得过于中规中矩。

透视图

Chapter 5

明度是指太阳光谱中的各种色泽的通透性，它能提升一个景观设计的总体气氛。

● 竞标

东萨塞克斯，罗瑟（Rother）和黑斯廷斯（Hastings），威尔登（Wealden），刘易斯（Lewes）

辉柏嘉创意工坊三角点阵水溶彩色铅笔，绘制于A4纸上，各用时15分钟

这四幅作品是一份设计标书中的一部分，表达的内容是在东萨塞克斯地区为关爱老人所建立的一系列老人院。这个作品成功的关键是获得了良好的第一印象。老人院坐落在这座历史悠久的英式公园内，对出入口设计的成功把握和对花园设计的精心考虑，创造了一个备受老人喜爱的环境。这种氛围用传统的剖面图和正立面图难以表达。从左边顶端向顺时针方向依次是为罗瑟、黑斯廷斯、威尔登和刘易斯所作的景观设计方案。

不断进行速写的实践练习可使即兴绘制透视图变得更快、更容易，这需要伴随敏捷的设计思维能力的培养，同时也会有坚持还是放弃此种思维训练的纠结混在其中。

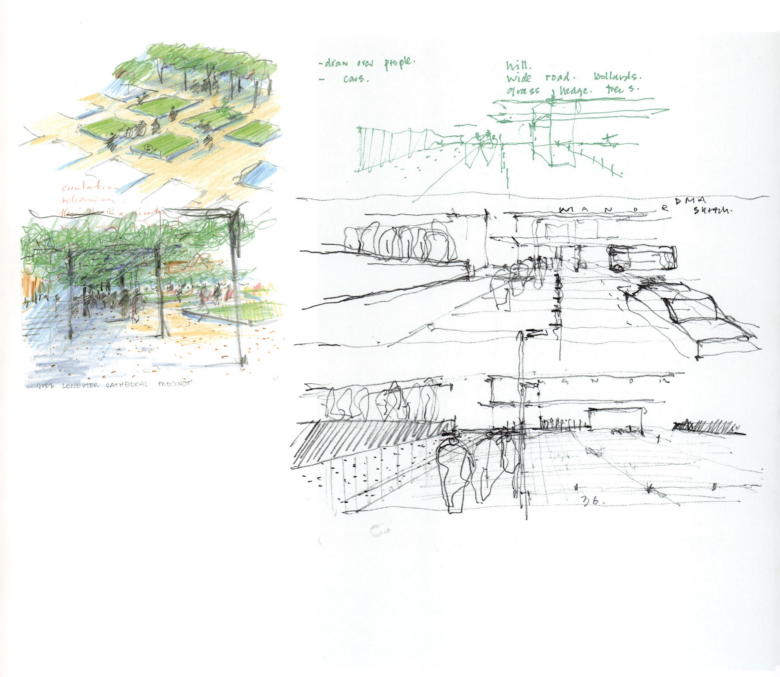

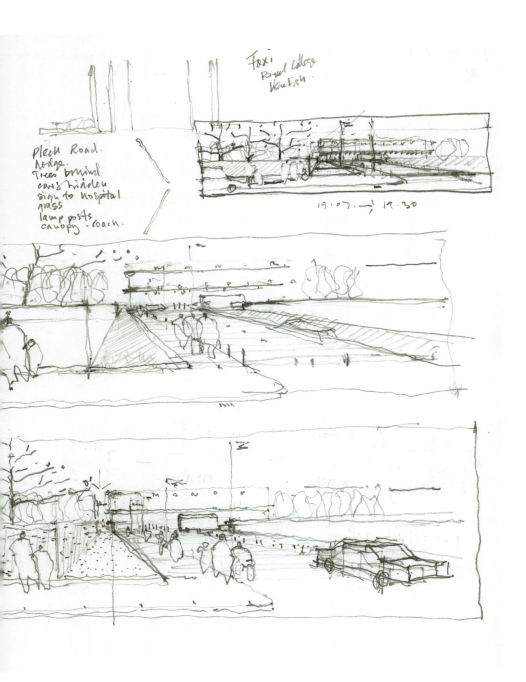

● 通往一家医院的道路

沃尔索尔庄园医院，西米德兰兹郡
HB 5mm 铅笔，绘制于A4纸上，各用时20分钟

这些图（左图）通过调查，研究了通往国民健康服务医院的多条道路，它是政府所提倡的设计运动的典型代表。它的目的是营造一个简单而直接的通道，以便行人和司机更容易识别，并且能缓解医院附近的交通压力。

● 在火车上绘制的表现图

莱斯特大教堂，莱斯特郡
施德楼水溶性彩色铅笔，绘制于纸上，用时45分钟

在设计团队的火车之旅中创作了一些随意的表现图。因为火车的摇晃几乎让人很难画好直线，使得透视图看上去比较稚嫩（P126图）。那些极富创意的探索尚未对细节进行深思熟虑，但它们对描绘动态瞬间所形成印象表现很有用。

● 预案

船体历史中心，东约克郡

百乐超细钢珠笔，施德楼水溶性彩色铅笔，绘制于A4纸上，各用时10分钟

这三幅图纸在建筑设计的早期阶段所绘制。这些草图虽然看似平淡却非比寻常，它们近似于完成了整体设计方案，如照片所示。

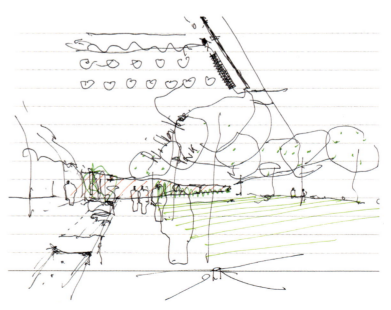

在方案交流会上的草图

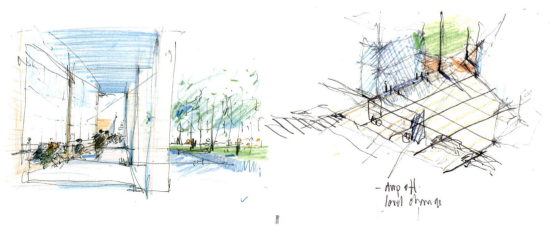

● **图书馆设计草图**

伍斯特公共图书馆，伍斯特郡
施楼德水溶性彩色铅笔，绘制于纸上，各用时20分钟

这些快速表现图表明了这个图书馆与整个景观之间的关系。图书馆正南方有一个新的石柱廊，它与人行道相连接，这也是学生们从这座新的大学校园通往城市的通道。这个图书馆南面正对着的一个小的街心花园，强调了图书馆是这条道路的终点，并将图书馆连入城市公共空间网络。

温室的设计

格拉斯哥，苏格兰
将A1的描图纸进行拷贝，用时12小时

这个竞标方案用了一组热带植物的照片，并将其拼贴在一张温室的电脑透视图上，是为了让精美的温室设计方案与生长茂盛的植物之间形成对照。

反恐建筑的外观

沃尔布鲁克广场，伦敦

百乐超细钢珠笔，辉柏嘉创意工坊三角点阵水溶彩色铅笔，绘制于A4纸上，各用时4分钟

这一系列快速表现图是人行道与店面或办公室建筑立面之间连接处的详解图示，采用这种设计可以抵挡来自车辆的冲击力量。

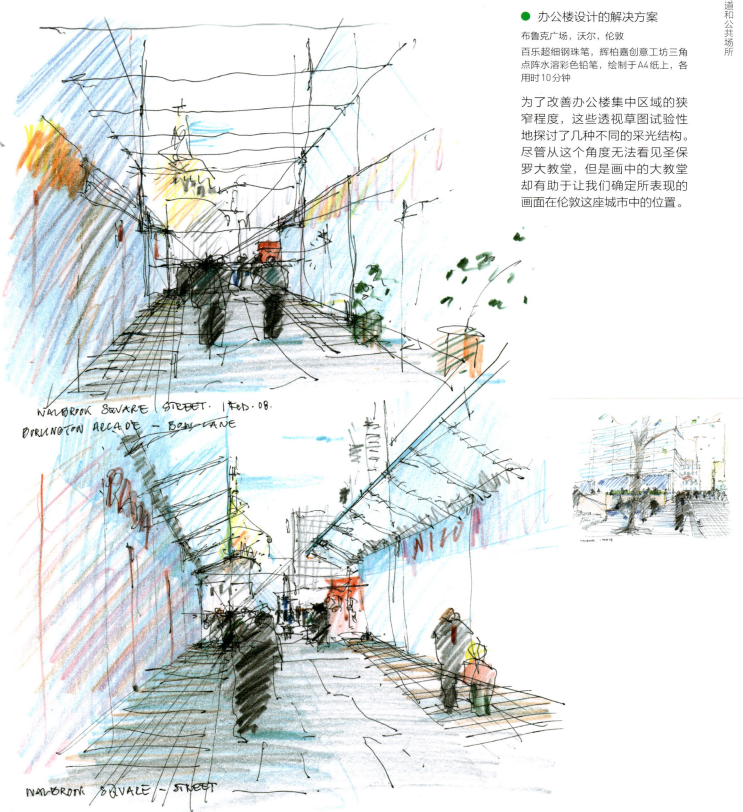

● 办公楼设计的解决方案

布鲁克广场，沃尔，伦敦

百乐超细钢珠笔，辉柏嘉创意工坊三角点阵水溶彩色铅笔，绘制于A4纸上，各用时10分钟

为了改善办公楼集中区域的狭窄程度，这些透视草图试验性地探讨了几种不同的采光结构。尽管从这个角度无法看见圣保罗大教堂，但是画中的大教堂却有助于让我们确定所表现的画面在伦敦这座城市中的位置。

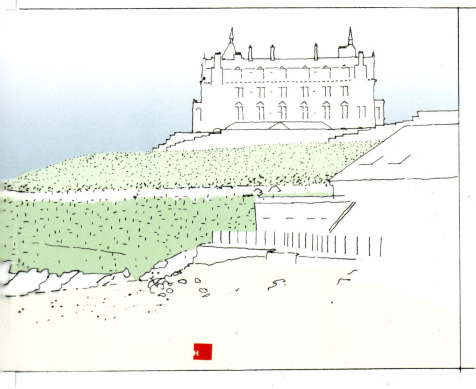

透视图中的这些信息经过了精心挑选,将多余的细节删除有助于将我们的注意力集中在设计的关键之处。这仅有的几张草图在展现一个设计作品的精髓方面显得出奇地有效。

● **沿海地带的再开发**

泰居酒店,纽卡斯尔,康沃尔郡

使用2H铅笔绘制于A1描图纸上,缩小到1/3规格,扫描并利用Photoshop进行着色,各用时16小时

这条美丽的海岸线备受关注。顾客们希望能经常来入住这个酒店,因为这里的风景美得令人动心,因此酒店决定在地下建造一些新的设施。关于酒店的开发方案和全套设计图还没有提交给评委会就获得了规划许可。由于这项艰难的任务已被安排妥当,客户承诺以热气球之旅作为奖励。

CHAPTER 6
轴测图

轴测图

Chapter 6

用不同比例的轴测图来表现一个设计方案是一项复杂的工作。这其中包括在这个设计上构造正交网格，在另一张纸上则用30°或60°的网格进行配合，从这些网格图上所采集的数据预示着轴测图即将绘制完成。垂直投影面与这个设计图（相应的剖面图和立面图）息息相关，它是测量偏离于水平线上下30°或60°的网格。创作这幅图的整个数字运算过程要求精确，很难凭运气就能通过审核。但不可思议的是，垂直投影面绘制完成后，图纸上就慢慢呈现出三维空间设计。当这个最初设定出来的角度（例如该建筑）不是90°时，整个过程就变得复杂起来了，必须根据图中允许的角度范围来缩小其必然带来的失真。

轴测图的绘制需要很长的一段时间才能完成，但在重绘设计图的过程中能迫使设计师重新致力于该项目的三维空间思考，所以该阶段是一个极富创造力的过程。一个明确清晰的轴测图可让整个团队从设计角度更深刻地理解该设计方案。此外，在设计的早期阶段，尽可能地绘制复杂的轴测图能让设计师对三维空间进行初步理解，这样也能在整个设计工作全面开展的过程中提升自己的信心。用45°或90°的轴测投影法比绘制轴测图要容易得多，但是它们没有涵盖透视图中的相关信息，所以通常对描述设计方案没有太大作用。

轴测图绘制的另一个优点是可让设计师不仅仅局限于单一设计法则。这个选择的过程通常有利于省略一些无关紧要的信息，所以它反而受到了设计师的重视。例如当设计师们遇到如何利用新的景观空间的问题时，轴测图就可以向人们说明他们不仅仅是"填充"了这个空间，而且是让人们积极参与到这个空间的使用。轴测图可以让人们以一种有趣的对话形式参与到设计中来，进而能亲身读懂这些设计方案。因为人们总是不能完全看懂设计方案，但是如果找到一幅轴测图就能帮助人们很快地理解，它能帮助人们提炼设计中的精髓。因此，较早地关注大的设计方向和原则，并在后续阶段的设计细节讨论中运用，就能够避免整个设计过程被最初阶段反映出来的一些小错误阻碍设计进度。

● **城镇住宅花园**
霍恩顿街，肯辛顿，伦敦
红环0.18针管笔，绘制于A1描图纸上，用时3天

在轴测图中，园林景观设计的设计规划是种植一些法国梧桐树，使该花园处于法国梧桐的树荫下（见P134）。

建筑行业的图纸通常都需要依据一定的法律法规，在合同里明确地说明甲方的要求、经费开支的数额以及该项目潜在的技术参数文本等。交流会议虽然冗长，但在一套建筑图纸里可对于基本问题的强调促进双方的交流。同样，在建筑图纸中强调的基本问题可以用轴测图的形式明确地描述同一个方案。对设计师来说，这是一个非常有用的技巧——以各种各样的轴测图形式来表现同一个设计方案，包括附带一些幽默的小技巧，这样的技巧可以让整个团队在设计过程中变得更轻松，并且为新的设计创意和理念留下足够的发展空间。当轴测图清楚地陈述了空间构成，设计方案中补充的细节（例如材料）就会都具有可行性。在深入设计的过程中这种技巧非常有效，伴随着所呈现出的一系列选项都支撑着这一重要的三维设计，而不是使三维设计以折中的方式呈现。

通过备选方案的讨论能使客户积极参与设计创意决策的过程，同时由于客户的全程参与也避免了对方案主体概念的伤害。将一个人职业生涯中担任的所有工作经历都记录下来很重要，无论他们是否参与建造，甚至仅仅只是参与设计阶段。当要完成一项新的工作任务时，这些记录就是现有工作中最重要的一种资源。在以往编目整理的轴测图中清楚地表达了过去的一系列设计的过程与范围，这些资源以及资源的整理汇集方式容易让新的委托方欣然接受。

轴测图

Chapter 6

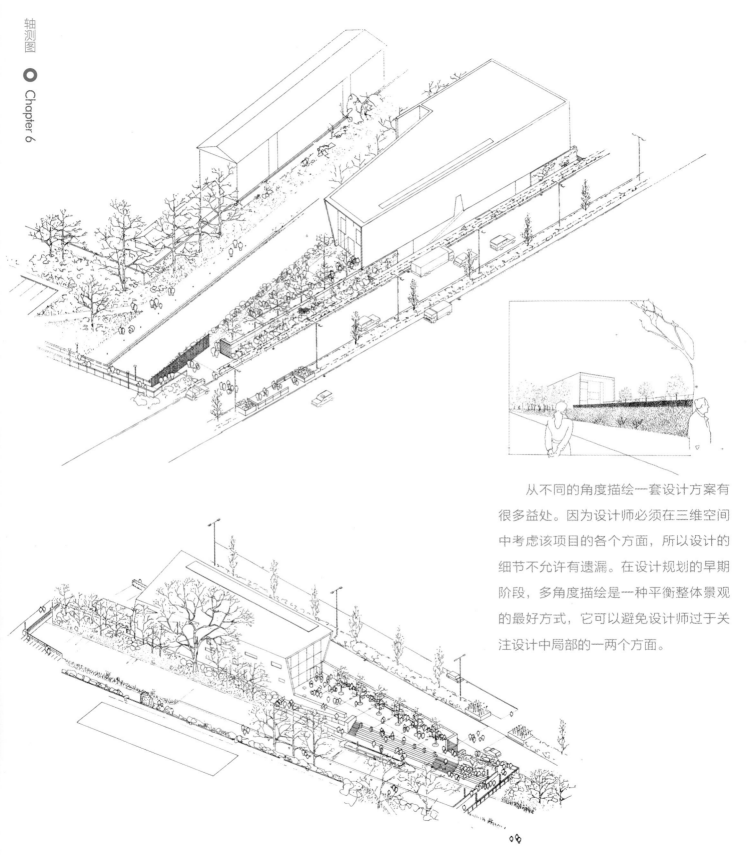

从不同的角度描绘一套设计方案有很多益处。因为设计师必须在三维空间中考虑该项目的各个方面，所以设计的细节不允许有遗漏。在设计规划的早期阶段，多角度描绘是一种平衡整体景观的最好方式，它可以避免设计师过于关注设计中局部的一两个方面。

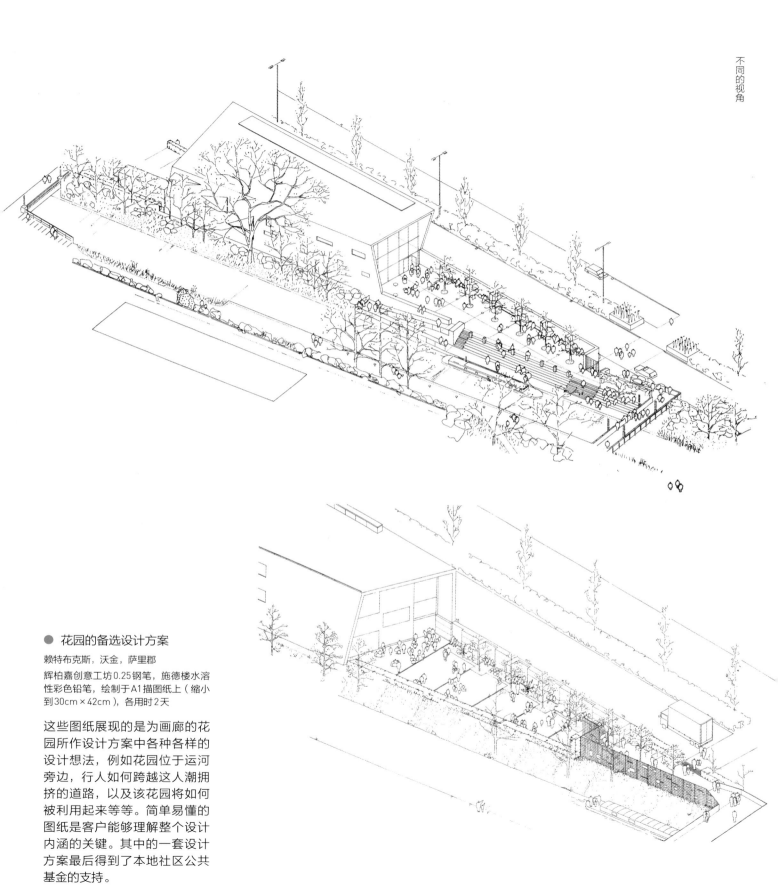

不同的视角

● 花园的备选设计方案

赖特布克斯，沃金，萨里郡

辉柏嘉创意工坊0.25钢笔，施德楼水溶性彩色铅笔，绘制于A1描图纸上（缩小到30cm×42cm），各用时2天

这些图纸展现的是为画廊的花园所作设计方案中各种各样的设计想法，例如花园位于运河旁边，行人如何跨越这人潮拥挤的道路，以及该花园将如何被利用起来等等。简单易懂的图纸是客户能够理解整个设计内涵的关键。其中的一套设计方案最后得到了本地社区公共基金的支持。

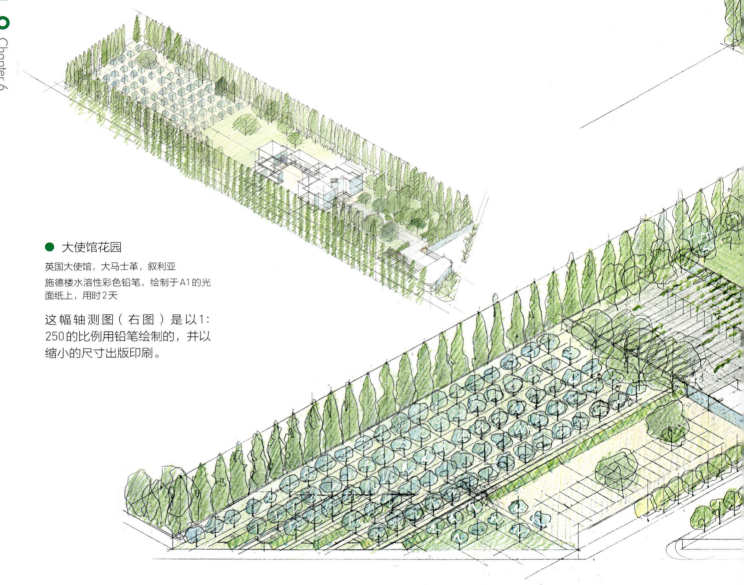

● 大使馆花园

英国大使馆，大马士革，叙利亚

施德楼水溶性彩色铅笔，绘制于A1的光面纸上，用时2天

这幅轴测图（右图）是以1:250的比例用铅笔绘制的，并以缩小的尺寸出版印刷。

● 一个明确有效的植物配置方案

英国大使馆，大马士革，叙利亚

蜻蜓尼龙签字笔，绘制于描图纸上，用迪美斯修正液适当表现高光，用时2天

这幅轴测图表明了单调而乏味的别墅也可以凭借精湛的景观设计而变身成为英国大使馆。它现有的空间被有效的植物配置方案重新塑造起来，一排意大利柏树突显了远山的轮廓，直到遮挡住建筑的观察视线。因为不断抽取同一个地区的地下水，使得该地的地下水变得非常紧缺。在选择植物时，在前三年仅需小灌溉量的植物种类是不错的选择。经历过初期磨合阶段之后，它们已经具有对抗极端干旱气候的能力。而这些保留下来的原创铅笔设计草图，以灵动的形式展现了设计表现的始末，同时它也使这些图纸避免被表现得过于"完美"。

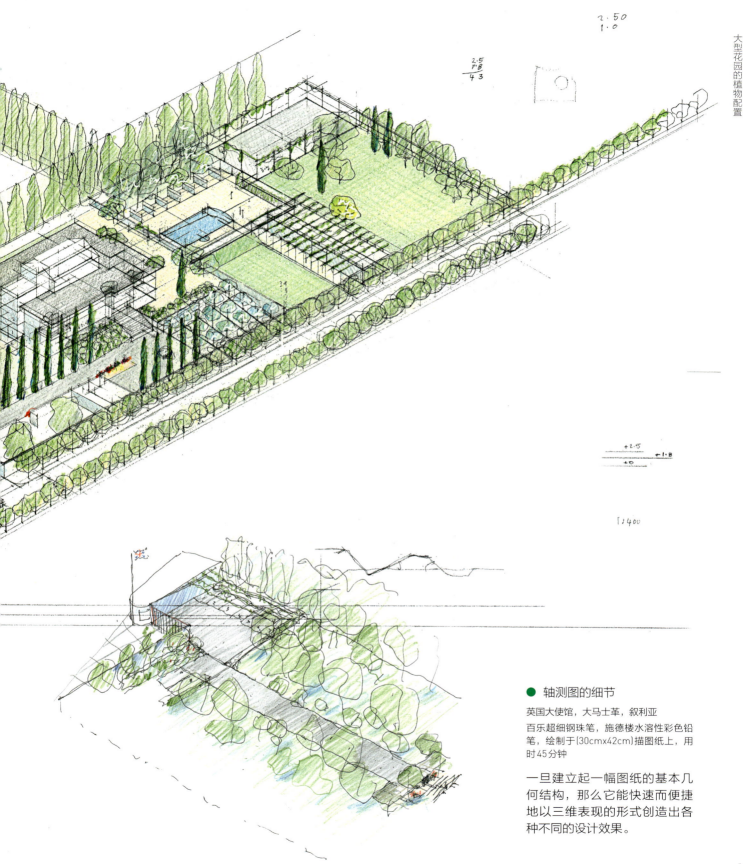

● 轴测图的细节

英国大使馆，大马士革，叙利亚

百乐超细钢珠笔，施德楼水溶性彩色铅笔，绘制于（30cm×42cm）描图纸上，用时45分钟

一旦建立起一幅图纸的基本几何结构，那么它能快速而便捷地以三维表现的形式创造出各种不同的设计效果。

轴测图

Chapter 6

● 一所小学的蓝图

辉柏嘉创意工坊0.13艺术钢笔，绘制于A0纸上，利用扫描仪得到彩色高清图，用时6天

这是一幅规划即将建造的学校建筑方案的轴测图，表现出了这座小学周围外部空间的改善情况。学校前面的这个大型露天广场设计既可以作为孩子们校车的站点，也可以在学校放假时作为地方社区的一个休闲娱乐场地。传统运动场的景观设计通常没有什么特色，都是在场地的较低处嵌入一个凹形的体育剧场或户外活动中心，导致场地陷入重复修建、重复破坏的困境。这里用一只极细的笔来表现景观设计图中众多的孩子们。这幅图让我们想起珍妮·阿迪（Jenny Adey），她是克里登一位充满活力的校长，她在学校的景观规划上给了我们不少建议。

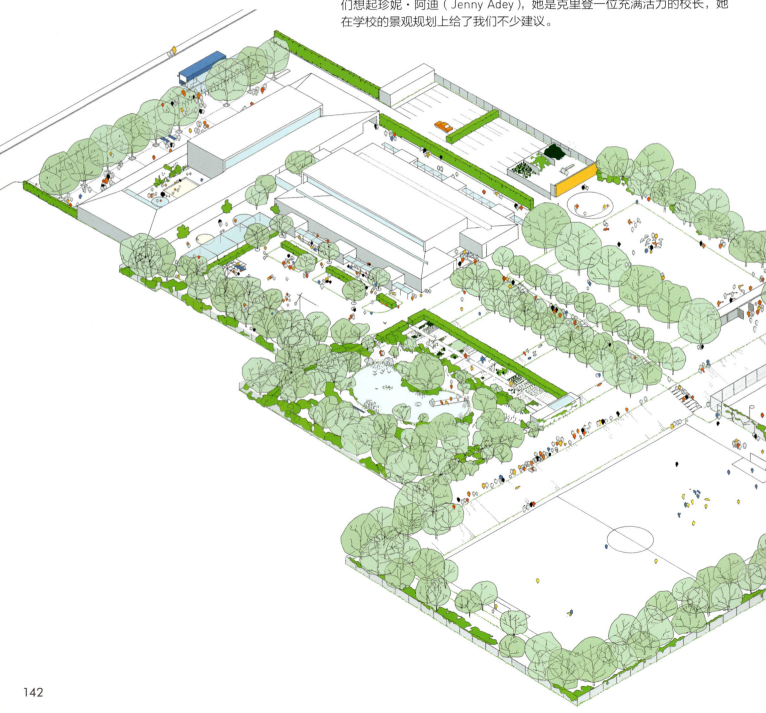

● 明确空间

彼德莱斯学院，汉普郡

红环0.18针管笔，贝罗尔彩色铅笔，绘制于A0纸上，用时4天

轴测图可以绘制得很复杂。在彼德莱斯学院方案设计的透视表现中，地面是倾斜的，建筑物之间的透视角度也不对。但这种特殊的图纸在设计过程中非常有用，同时它对明确新建筑物间所产生的空间也很有效。例如，在这幅图的右边是建筑物之间所产生的如图所示的空间，看起来并不舒适协调和符合要求，但当它被建设的时候的确得到了认可。

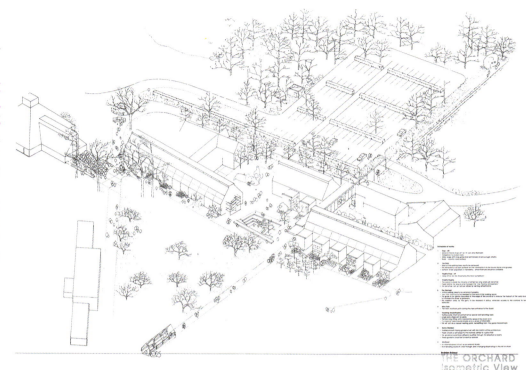

● 植物配置解决方案

皇家音乐学院，伦敦大学帝国理工学院

红环0.18针管笔，贝罗尔铅笔，绘制于A1纸上，用时2天

在皇家音乐学院的西入口处设计了两处新的花坛（左下图）。这幅为伦敦大学帝国理工学院创作的主色调为单色的作品，突出强调了绿化的重要性（下图）。

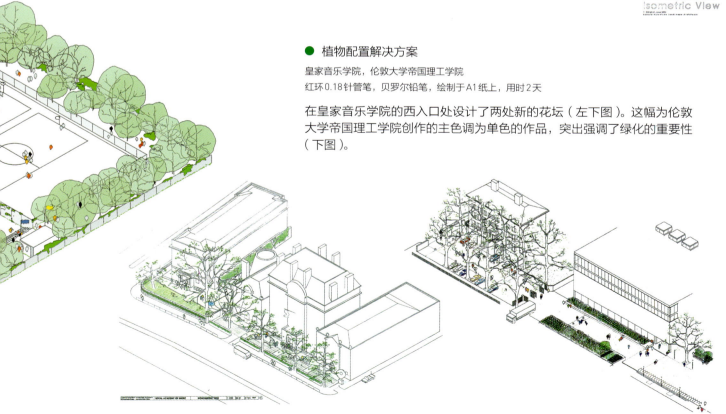

轴测图 Chapter 6

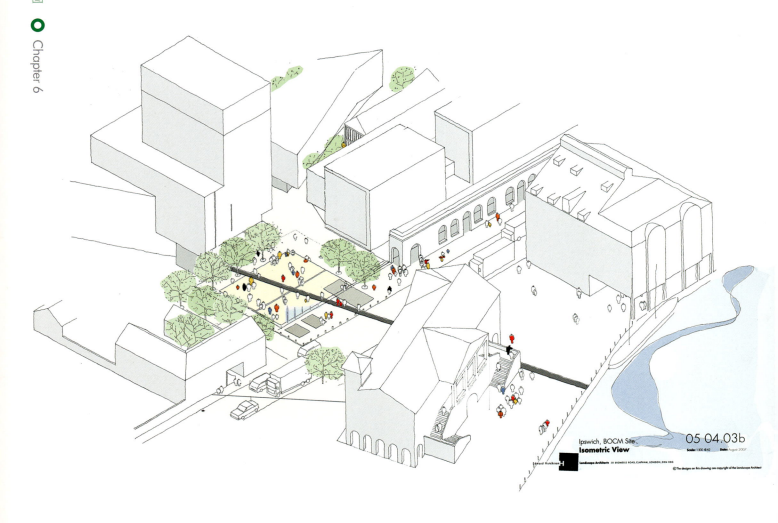

- 开发区

萨福克，伊普斯维奇
红环0.18针管笔，绘制于A2描图纸上，扫描并且利用Photoshop进行着色，用时2天

这幅图是为了使当地政府相信这个景观设计的"规划收益"，与该地区新的发展息息相关，并且体现出了很高的设计水平。该景观设计是根据对当地建筑进行大量研究之后再进行设计完善的，这样能确保最终空间分割的合理化。

轴测图被扫描后用单色调进行渲染，此创作看上去优于略显呆板的电脑表现图。它所附加的"力量"，是电脑所生成的设计图纸和手绘表现的一种有效组合。

● 学校和景观

迈克黑尔学校，兰贝斯，伦敦

红环0.13和0.18针管笔，绘制于A1描图纸上，扫描并利用Photoshop进行着色，用时分别为2天和60分钟

这些图纸展示的是对一所学校校园未来建设规划的景观设计备选方案，这幅图（下图）是为在设计的D阶段中验收所准备递交的设计方案，该方案让委托方和承包商单位都能理解得非常透彻。这个设计方案里的另一个轴测图（右图）表明的是为孩子们建造一个有围墙的庭院。

电脑着色

关于树木栽培的研究

英国高级专员公署，新德里，印度
红环0.13和0.18针管笔，绘制于A1描图纸上，由安吉拉·奥纳德拉布兰卡（Angela Oña de la Blanca）扫描并利用Photoshop进行着色，用时4天

这幅图是在整体规划的早期阶段绘制的，它展示了在28英亩的区域内树木的数量和面积。其创作依据对每一棵树的种类和树龄所进行调查研究的结果。

● 设计与建造

黑斯廷斯，东萨塞克斯
3H 5mm 铅笔，施德楼水溶性彩色铅笔，绘制于A1描图纸上，打印在光面纸上，用时1天

其中一幅图是参加投标的设计方案中的一部分，它表现的是在一个"设计和施工"的合同中为关爱老年人所作的人性化的设计方案（下图）。该设计方案旨在通过强化周围景观的重要作用而缓解老人院看起来过于集中的问题。因为预算经费比较紧张，不得不尽可能设计得简单一些。

植被

绝大多数三维空间设计都非常有用。

● 音乐厅设计方案

科伯姆纽因音乐学院，萨里郡
红环0.18针管笔，贝罗尔彩色铅笔，绘制于描图纸上，并打印在光面纸上，用时3天

这幅特殊的轴测图（上图）是对研究论证是否能在这个地方设定一座新的音乐厅所作的结论。需要考虑的是如何保持乡村校舍的特色，一条蜿蜒曲折的小路通向这座建筑，停车场就设置在该地点的地下。一个阶梯式圆形的草场成了该景观设计的焦点。

轴测图

Chapter 6

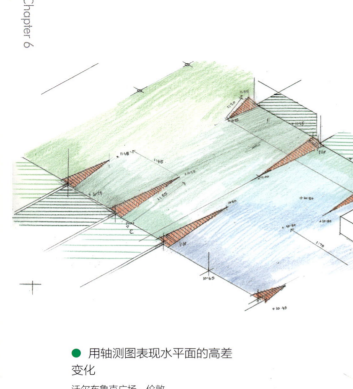

● 用轴测图表现水平面的高差变化

沃尔布鲁克广场，伦敦

2H 5mm 铅笔，施德楼水溶性彩色铅笔，绘制于A3描图纸上，各用时2小时

有时候，要求景观设计师的设计方案图要具有层次感，这也是为避免设计师低估复杂问题的一种要求。这些草图花了5周时间完成，它们的作用是为了向委托方和设计师表明各种不同备选设计方案的重要性。当这个区域被开发完善后，伦敦的市中心地带将人潮涌至，所以设计一个平整并且能容纳一定人流量的广场显得尤为关键。这是一项有趣且富有挑战的工作，因为这里的建筑地面层有超过3米的水平面的高差变化。

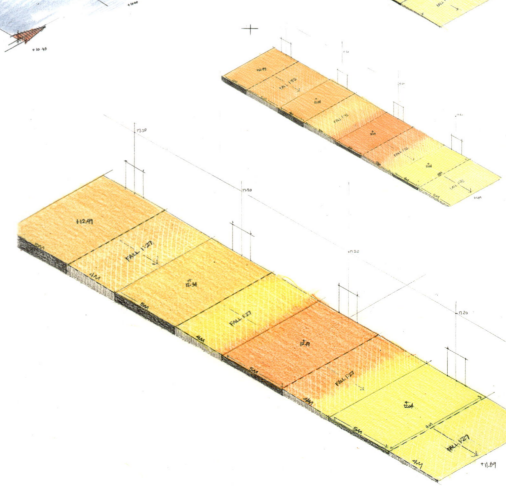

148

- "从斜坡到平地"的比例

沃尔布鲁克广场,伦敦
2H 5mm 铅笔,施德楼水溶性彩色铅笔,绘制于A3描图纸上,各用时3小时

设计图中的高地不能充分表明水平面改变的意义是什么。这些色彩丰富的轴测图(右图、上图和下图)是为了探究在提案中的这条街道里将斜坡转变为平地的不同比例。有必要将店面外铺设成水平面,因为它们都受到沿街断断续续陡坡的影响。

- 环流模式

沃尔布鲁克广场,伦敦
2H 5mm 铅笔,施德楼水溶性彩色铅笔,绘制于A3描图纸上,用时3小时

此图示(下图)研究探讨了这个广场与周围店面的水平高差以及人流量的关系。

检验水平高差

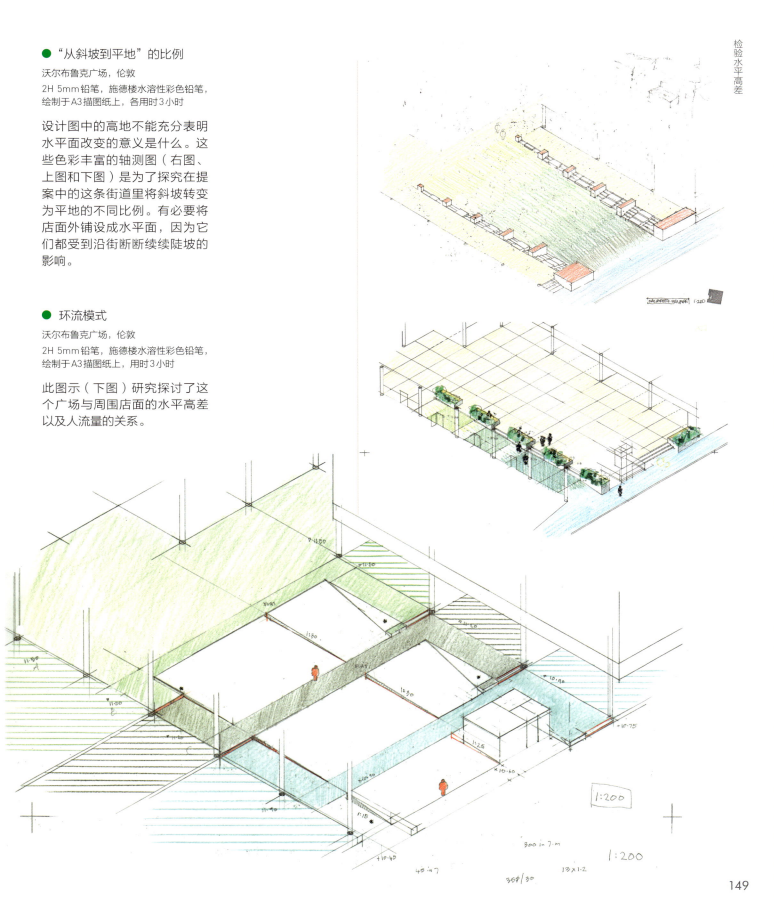

两所大学的轴测图

伦敦大学帝国理工学院与萨塞克斯道文思学院，东萨塞克斯

贝罗尔彩色铅笔，绘制于描图纸上，各用时2天~3天

轴测图表明了一个设计方案所有可能的用途，它是在早期阶段断定该创意是否可行的关键。它是一种用轻松而令人愉快的方式来向委托人展示设计的三维空间效果的好方法。这些关于伦敦大学帝国理工学院（下图、对页图和顶部图）以及萨塞克斯道文思学院的轴测图都可以证明，它们是比人们绘制得栩栩如生的传统透视图更有效、更具吸引力的媒介。

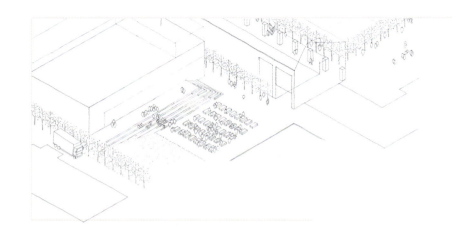

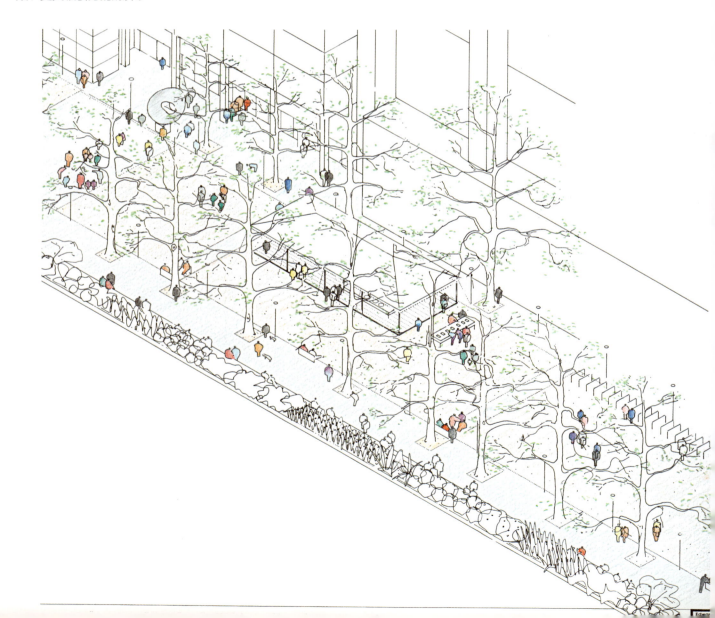

● 现场照片

这些收藏的照片记录着人们在创意草图中如何非常有效地利用了空间。图中从左至右依次为：意大利蒙特普尔恰诺、伦敦皇家音乐学院、美国马萨诸塞州波士顿的邮局广场、巴塞罗那和西班牙圣地亚哥德孔波斯特拉古城。

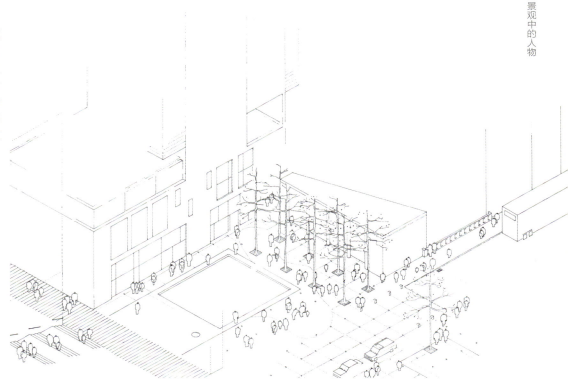

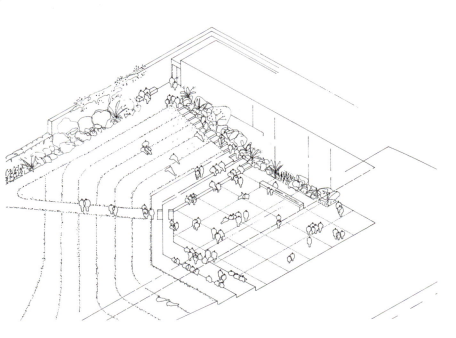

人们以各种各样的方式利用剩余空间，这样的案例不胜枚举。例如一个市中心的公园绿地，能为人们提供极其私密的空间。作为一个设计师，非常重要的一件事就是要知道创作一个空间的原则是让人们乐意在此享受。

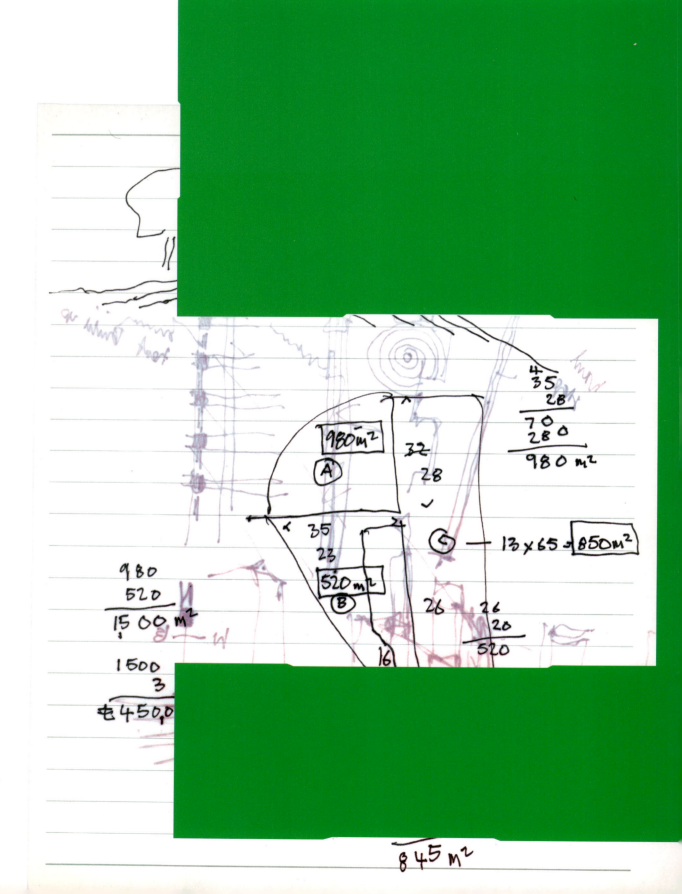

CHAPTER 7
方案预算

方案预算

Chapter 7

尤其是作为大的建筑项目的一部分时，最初用于景观设计的预算经常不足。景观预算常常不会被优先考虑，这导致它从一开始就很难得到理想的结果。与世界其他许多地方不同，在英国通常不会为得到高品质的景观设计而付出更多的费用。项目经理、造价师和业主都对预留足够的资金用于建造景观这一观点存在抵触情绪；通常情况下，他们不习惯去发现一个景观规划设计得精心与否，以及对项目完成的贡献差异，往往直到项目结束，优良的景观设计对于整个项目的贡献才被充分认可。

在一个大型项目中，景观成本预算常常被认为是一种近似"水中花，镜中月"般虚假的东西。在一个激烈竞争的市场中，付给项目的开支通常可能会超过预算。考虑到这一点，我们从2004年开始对每一个项目进行"图解花费"的方案成本规划，这会让我们对项目建设有更深刻的理解，对景观建设预算控制得更有把握。规划图纸中的醒目简单的图像，列举了设计团队关于景观成本花费的明细。在设计的研发过程中，方案成本控制的巨大优势在于：对一张图纸所做的任何修改而涉及到的经费问题都可以很容易地被评估，从而避免由此产生的负面影响。最初工料测量师可能对这一方法存在抵触情绪，但通常到后来，他们会发现图纸给他们带来了莫大帮助。为了实现预算的准确性，在准备阶段就需要制定大量的测绘计划，而这些通常情况下并不是景观设计师的责任。最后，工料测量师在成本报告里关于景观部分的陈述可能会对方案更加赞同，对设计费更加慷慨。

特意选择了鲜艳的颜色来定义这些图表，在景观表现的色彩选择上强烈的色调会使人们不禁产生疑问：如何选择色彩？又是为什么要选择这些色彩？绿色并不代表小草，或许一抹亮丽的红色能更加强调它的重要性，以及随后它所保持的含义。对清单价格的激烈漫长的讨论已令人乏味，在电子数据表上逐栏记载的条款细目的重要性和关联性也逐渐丧失。而这些色彩醒目的简图在一个特殊的环境中帮我们建立起对其关注的焦点。在成本预算的讨论中，它们带来了一种更轻松的方法，在不知不觉中也提升了编制预算的质量，甚至会影响到最终的决定。虽然不能代替常见的由工料测量师依据建筑师的图纸所做的预算，但这些简易朴实

● 均衡地区预算

考文垂和平花园，沃里克郡
艾迪55细线钢笔，绘制于A4速写本上，用时20分钟

在项目最初的阶段，这些粗略的草图被认为是在经费困难的情况下为这个城市中心设计提交的一种适应性的景观设计方案（见P152）。

的图像直接地总结了一个项目的要素。这使得成本决定于设计团队成员，保持一个均衡的项目概算远比那些试图相互参考的预算计划和在相关报价一览表的专栏选择细节的常规过程更容易。

在一个项目的发展过程中，当一个景观方案在成本上不可避免地需要进行调整时，景观方案的成本控制方法无疑将在捍卫设计方面扮演极其重要的角色。在考文垂和平花园方案设计关于成本的一个漫长会议上（考文垂和平花园，见P214），设计团队中的五个成员在对设计概念没有让步的情况下，试图找出节约成本的方法。讨论之后并没有裁减景观预算，相反景观工程的预算得以显著增长。在这个案例中，展现出的景观预算的清晰性和推理的连贯性在实现预期设计效果方面起着重要作用。

● 初始的景观方案预算

彼得莱斯学院，汉普郡
Vectorworks软件，克劳迪娅·科西利厄斯（Claudia Corcilius）绘制

这张电子图表达了分配到景观建设中有限预算的完整含义。这些指定的区域和底纹传达了真实的信息。

尽管这一进程有助于在讨论中梳理各种机会，但是如果承担不起相关费用，拟定一个设计方案就显得毫无意义。同时对于一名设计师来讲，这是一种非常耗时的确立预算的方法。

● 扩初图

彼得莱斯学院，汉普郡

Vectorworks软件，克劳迪娅·科西利厄斯（Claudia Corcilius）绘制

这些图纸（右图、上图和下图）用来说明在整体设计中的两种可变类型，此方案仅仅使用了有限的材料素材就获得了学校建设委员会的批准。现场照片（下图）说明，从左到右依次为：科尔福德手工砖；草地；未成型的树林，周长为30cm~35cm半大的树；踏上去沙沙作响的砾石铺装，铺草系统。

概念深入

方案预算

Chapter 7

对项目预算来讲，选择鲜明的颜色有助于项目预算实现，并适当减少该项目中景观部分的花费。

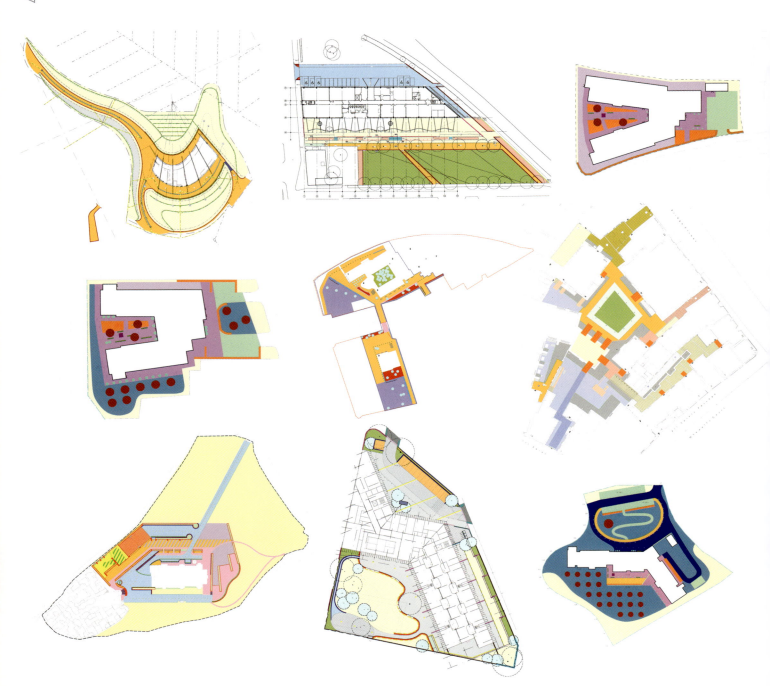

● 一组等体积线表现图

Vectorworks软件，克劳迪娅·科西利亚（Claudia Corcilius）、海迪·亨德利（Heidi Hundley）、玛蒂尔达·琼斯（Matilda Jones）、茱莉亚·齐默尔曼（Julia Zimmermann）等绘制

这些图（对页图）是为许多不同的工程而制作的表现图。首行，从左至右依次为：兰开夏郡普雷斯顿阿文汉公园的亭子、英国东约克郡的小型公园船体历史中心和东萨塞克斯郡。中间一行从左至右依次为：东萨塞克斯郡的韦尔登老年公寓、东萨塞克斯郡的萨塞克斯道文思学院和剑桥大学圣约翰学院。下面一行从左至右依次为：康沃尔半岛纽基逸泰居；伦敦迈克尔·蒂皮特中学；东萨塞克斯郡，黑斯廷斯老年公寓。

● 花园和庭院

英国大使馆，大马士革，叙利亚
Vectorworks软件，海迪·亨德利（Heidi Hundley）绘制

英国外交部计划把大马士革附近的两个大型且缺乏生气的别墅改建成新的大使馆和大使官邸。这张图（右图）展示的是规划的景观范围。设计的目的是增强来访的宾客在参观访问大使馆时的体验感。当时叙利亚苗圃的植物供应十分有限，人们对大面积种植计划的可行性提出了质疑。贝鲁特的一个苗圃基地提出了一个解决方案，他们的员工研究了从意大利和黎巴嫩进口成熟母树并进行分植的可行性和合理成本。由于需求计划要求缩减开支，项目经理提出了这份图纸，一个承包商中标。

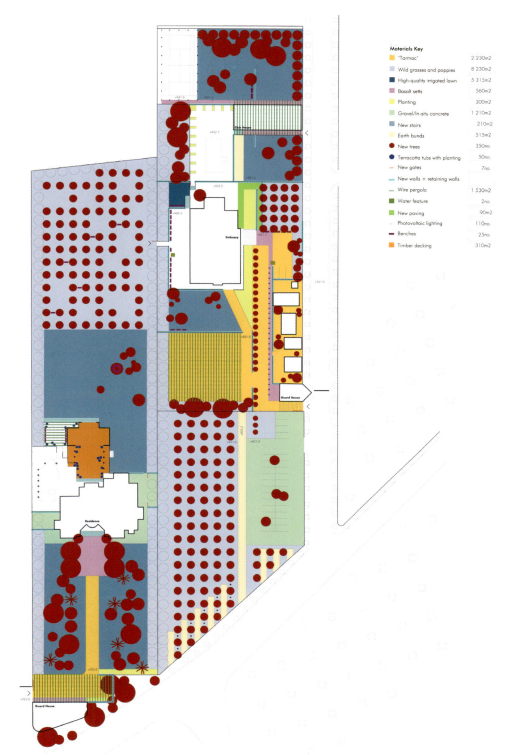

艳丽色彩的使用

159

方案预算

Chapter 7

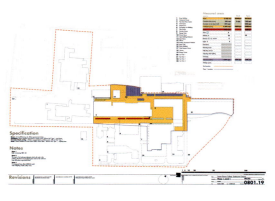
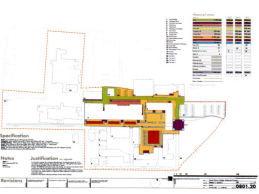
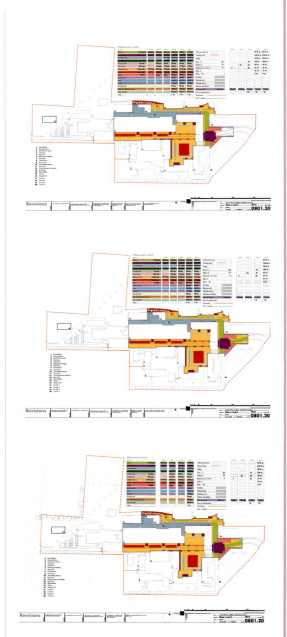
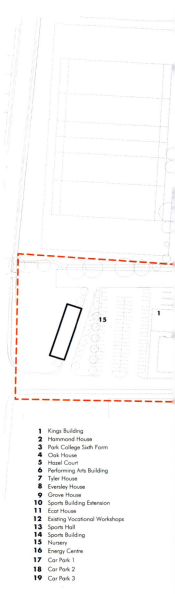

1. Kings Building
2. Hammond House
3. Park College Sixth Form
4. Oak House
5. Hazel Court
6. Performing Arts Building
7. Tyler House
8. Eversley House
9. Grove House
10. Sports Building Extension
11. Ecat House
12. Existing Vocational Workshops
13. Sports Hall
14. Sports Building
15. Nursery
16. Energy Centre
17. Car Park 1
18. Car Park 2
19. Car Park 3

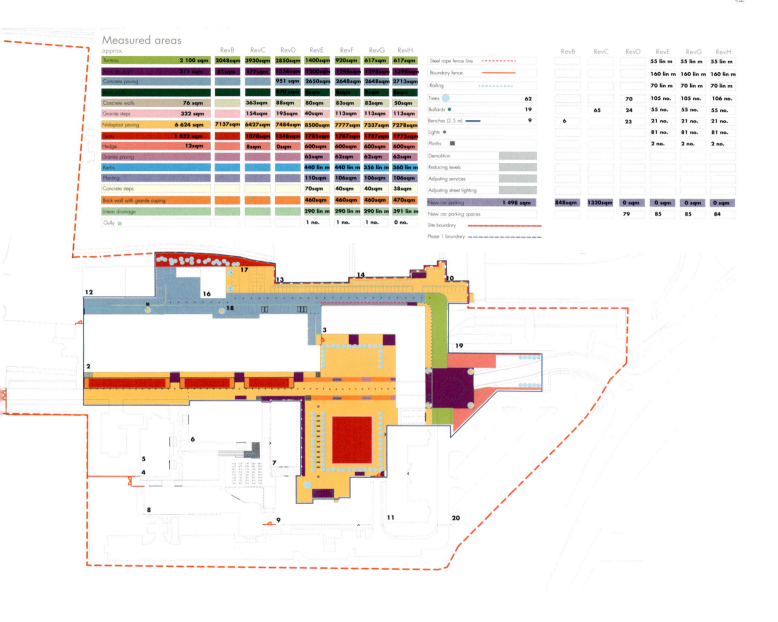

● 景观发展阶段

萨塞克斯道文思学院，东萨塞克斯郡
Vectorworks软件，由玛蒂尔达·琼斯（Matilda Jones）绘制

这些彩图构成了系列插图中的一部分，展示了超过五年时间的景观各阶段性的拟议规划方案。用鲜明的色彩来突出建设区域，表明该地域需要更详尽、周全的规划。

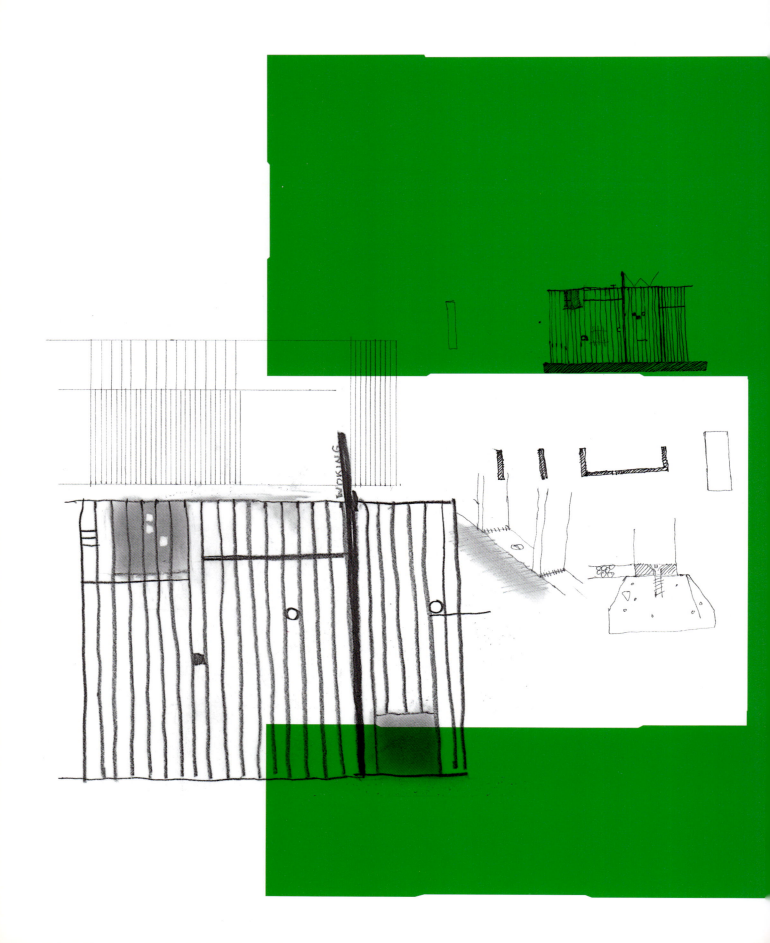

CHAPTER 8
构造细节

构造细节

Chapter 8

在景观设计中，绘制施工详图可能是最能激发创造力的设计阶段之一。就设计师而言，需要仔细思考一个特定的细节如何被互相关联在一起，对于委托的设计任务在设计思想和时间把握上需要同样细心，还包括与材料供应商的讨论、更深层次的发展和完善施工图以及制作实物模型等。所有这些额外的工作在商业范畴中可能很难被承认，但是通过这一过程设计师能够建立起一个细节资料采集库，同时这个资料库还可以用于其他项目的改进。同样，虽然一开始需要足够的说服力来向工匠们说明独特处理细节的方式的必要性，但是工匠们也乐于出色地完成一项工作。在专业的范围内用一个独特的设计使该项目有别于其他的项目并产生趣味，该独特的设计也有助于明确房屋的风格，并使这个项目充满个性。项目建成后的效果往往能够使新的客户相信你能对他们的项目有所帮助。

用图纸来解释隐含于新结构中的设计理念时，最好通过一系列的比例和媒介来完成制图，同时从不同的角度加以检验。绘制细节详图对于尺度较大的场地施工非常有用，可用夸张的手法强调不同要素的独立性，例如应用毛细管原理给水，排水不畅，不受控制的移动等等。转角和连接处的轴测图也非常重要，因为他们可以清晰地阐明设计意图，通过这些图纸将抽象的问题形象化，有助于与承包商进行细节讨论。为了能够清楚地了解使用材料，在施工图中的图形选择也十分重要，好的图形选择往往能够快捷地传达出意图。工匠们毕竟是用双手来从事自己的职业，或许是因为这些草图反映了工作平台和现场条件的真实情况，感受手绘图中的图形能够使他们产生移情，即将眼睛的感受转移到手的感受。

● 金属制品提案

赖特布克斯，沃金，萨里郡

辉柏嘉创意工坊艺术钢笔，2B 10mm 和 2H 5mm 铅笔，绘制于 A3 描图纸上，用时 4 小时

在对一个设计方案的评估中，看似凌乱的草图可能会比整洁的图纸更加准确地反映提案的各个方面（见P162）。

在涉及多个项目的综合合同中，景观往往是项目建设的最后环节。因此必须用图纸准确易懂地表达设计创意。从项目开始到项目结束，对于修订图纸所耗费的金钱和时间都很多，在景观建设的一系列工作中，任何一个由于自身工作原因所造成的重大错误，进而需要返工所耗费的金钱和时间，将由自己承担而得不到相应的经费补偿。因此明智的做法就是在投标阶段就拿出一套高质量且尽量详尽的图纸，以便在项目进行的各阶段中不需要再进行修改。

当设计和制造工艺自始至终都遵循原始的概念细节进行深入时，人们能从中不断学习到宝贵的经验。亲历着在建设施工中的顺利或是偶尔的困难，见证着在符合常规基础上进行的设计改动所付出的额外努力，都将是有益的经验。进而创造出"独创性"的细节，这将是对于所付出努力的非常好的回报。无论是什么尺度的设计，只要在过程中对解决一个问题的认识上拥有自己独到的见解，其都能为当代景观设计的不断发展作出贡献。进而就会看到有些人在其他的项目中复制了自己的设计细节。在团队中，将提供作品信息的任务交给那些缺乏经验的成员会是令人遗憾的事情。在过去，这项工作都是委派给由经验丰富的技术人员构成的团队来完成，虽然确保了细节设计的实用性，但是却以缺乏创新性为代价。

对快速徒手表现图进行仔细研究后，就建立起一个项目的整体特征，并在接下来的施工详图中进行细化。这些尝试性的初期草图体现了早期设计阶段的状况，并有助于设计团队对客户讲述景观设计的概念主题。在现阶段需要更多的提炼，需要用时间来深入发展澎湃激昂却显得杂乱的手绘草图，使它们看起来更具说服力。

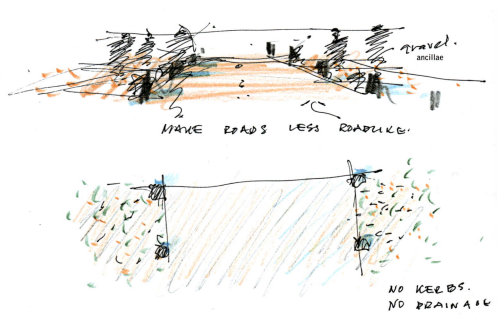

场地的特征

● 乡村道路细节

萨塞克斯道文思学院，东萨塞克斯郡
斑马01号钢笔，派通记号笔，绘制于A4
罗尼速写本上，用时各3小时

这些连同人、交通工具和给出的尺度并随附手写的详细注释的标准剖面图，是一种快速、经济的传达信息的方式。从这些简单易懂的草图中，工程造价师就能建立一个成本方案。在拥有繁多子项目的工程中，效率极其重要，这里有很多其他的资金需求，要为景观建设建立一个合理的预算，这些初期的草图就显得尤其重要。

构造细节 Chapter 8

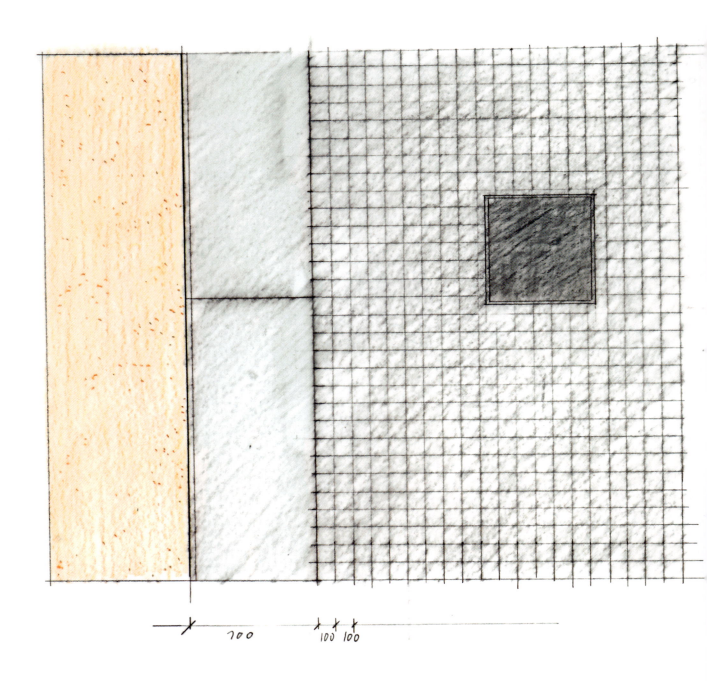

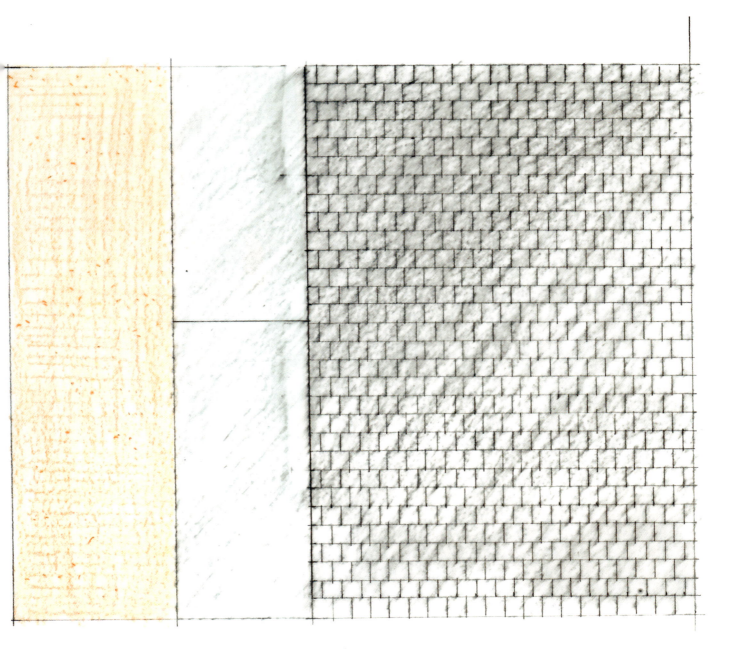

● 小方块花岗岩铺装

伦敦大学帝国理工学院
2H 0.5mm 铅笔，贝罗尔彩色铅笔，绘制于A1聚酯薄膜上，用时4小时

在大多数城市项目中，大部分景观建设的预算被分派到铺装上面。当为客户推荐一种材料时（在这个案例中，使用的是花岗岩小方块石），重要的是要说明所选择材料的真正特点：它的缺陷、石材之间的连接处的重要性以及石材和其他材料的结合。通缝铺贴法深受设计师们的喜欢，但却不受铺砌工人们喜欢，它不及交错铺贴宽大。花岗岩的耐用度使其使用寿命有可能超过100年，我们说服了院方，使他们相信这是一个比混凝土更符合成本效益的解决方案。

● 一张弯曲的长椅

阿文汉公园，普雷斯顿，兰开夏郡

斑马01号钢笔，辉柏嘉0.18和0.35针管笔，0.5mm铅笔，天鹅37记号笔，绘制于A3描图纸上

一个新的亭子位于景观建筑师爱德华·米尔纳（Edward Milner）在19世纪60年代所设计的两个公园的交界处。米尔纳先前曾为约瑟夫·帕克斯顿爵士（Sir Joseph Paxton）工作并参与了利物浦伯肯海德公园项目，其中的一个方案后来成为弗雷德里克·劳·奥姆斯特德（Frederick Law Olmsted）为纽约中央公园设计的灵感来源。这个耐用的新长椅比例适中，并尊重其所在场地的历史文化背景，特别是其蜿蜒的具有维多利亚时代特点的曲线设计，成为咖啡屋露台天然的优美边界。弧形钢板固定上硬木板条，以确保维持它们的形状并避免流浪汉在长椅上露宿。照片展示了原地的长椅（底图）和完成的亭子（下图和右图）。

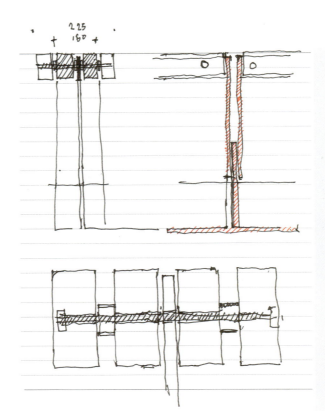

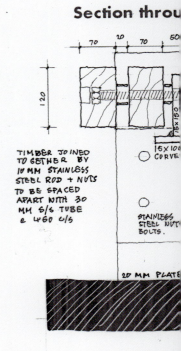

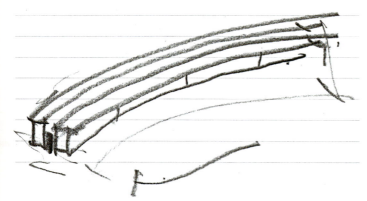

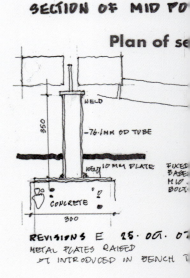

● 剖面细节

阿文汉公园，普雷斯顿，兰开夏郡

辉柏嘉0.18和0.25针管笔，天鹅37记号笔，0.5mm铅笔，艾迪马克笔，绘制于A3描图纸上

这份施工图（右图）详细地展示出了座椅和自行车支架的剖面图。

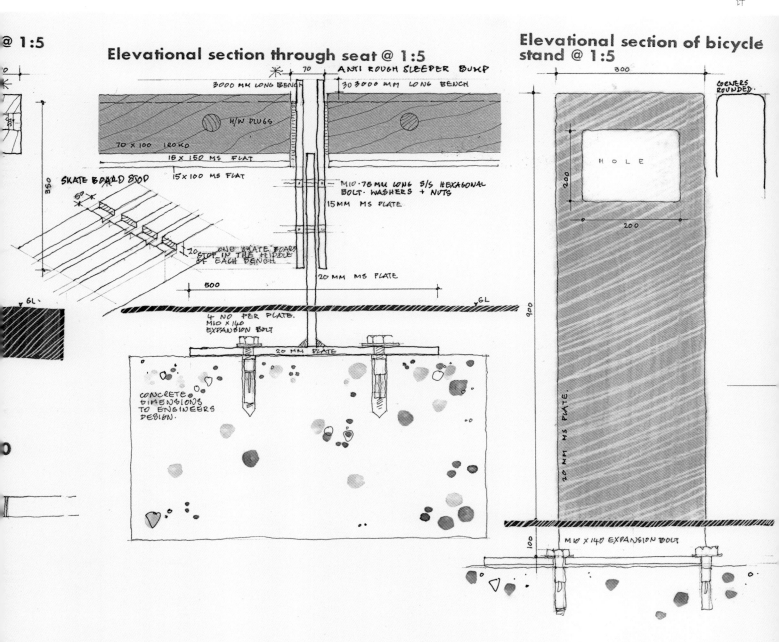

构造细节

Chapter 8

● 舒适的长椅

船体历史中心，东约克郡

斑马01号钢笔，辉柏嘉0.18和0.25针管笔，绘制于A3描图纸上，用时2小时

在船体历史中心和南面的街心花园之间，一个90米长的混凝土基座自然地形成了分界（下图）。设置在底座的边缘，一个高度较低且侧面呈现弧形特点的长椅能够比一个简单平坦的长椅为腰部提供更大程度的支撑。底图所示的是车间里的长椅模型和现场完成的产品。

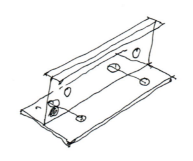
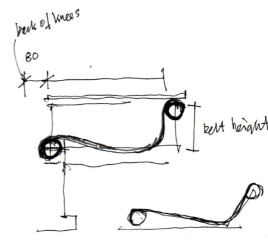

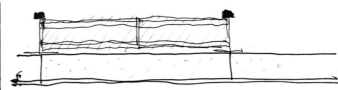

● 从设计概念到设计实现

船体历史中心，东约克郡

百乐超细钢珠笔，绘制于A3描图纸上，各用时15分钟

这些初步的草图（对页顶图）展示着木制长椅曲线的侧面。

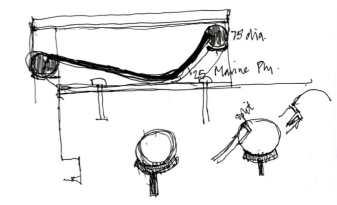

172

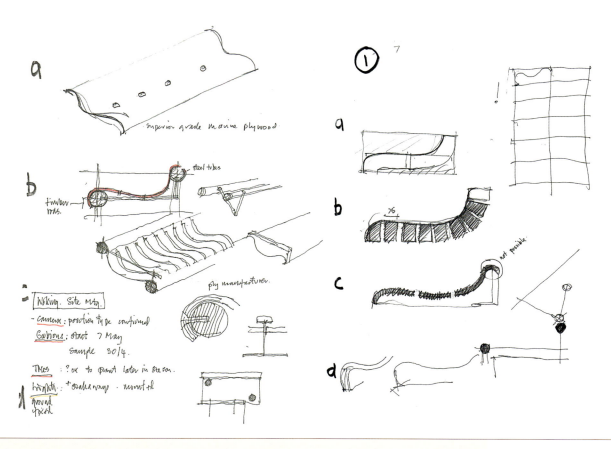

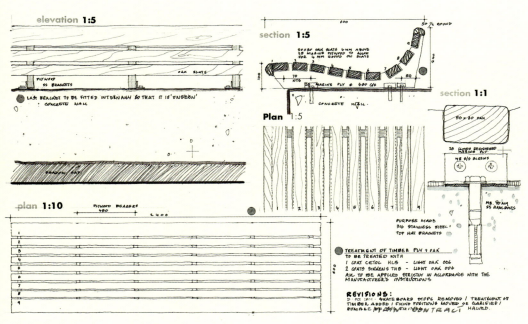

● 工作详细信息

船体历史中心，东约克郡

百乐超细钢珠笔，辉柏嘉0.18和0.25针管笔，艾迪马克笔，0.3mm铅笔和英国斯旺莫顿手术刀刀片，绘制于A3描图纸上

长椅构造的部分详细图。

构造细节

Chapter 8

在建造过程中用彩色徒手绘制草图的细节是一种明确有力地表达各种不同元素的有效方法。举例来说，一张使用较少颜色的草图表达了一种更便宜，更简化的选择，也包括了在生产过程中使用较少的材质，从而减少了生产线上的加工工序和流程。

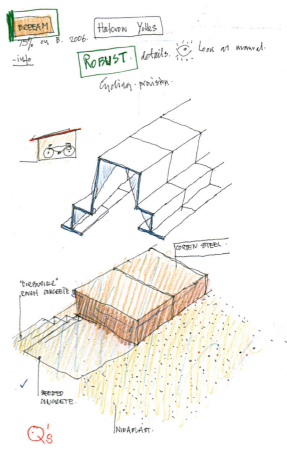

● 耐候钢细节

萨塞克斯通文思学院，东萨塞克斯

百乐超细钢珠笔，辉柏嘉创意工坊三角点陈水溶彩色铅笔，绘制于A4纸上，用时15分钟~45分钟

定制护柱的创意（上图），使用了钢材、木材的挡土墙（右图），使用在工厂就已经加工成形的压制钢板可以适当减少现场的施工时间。

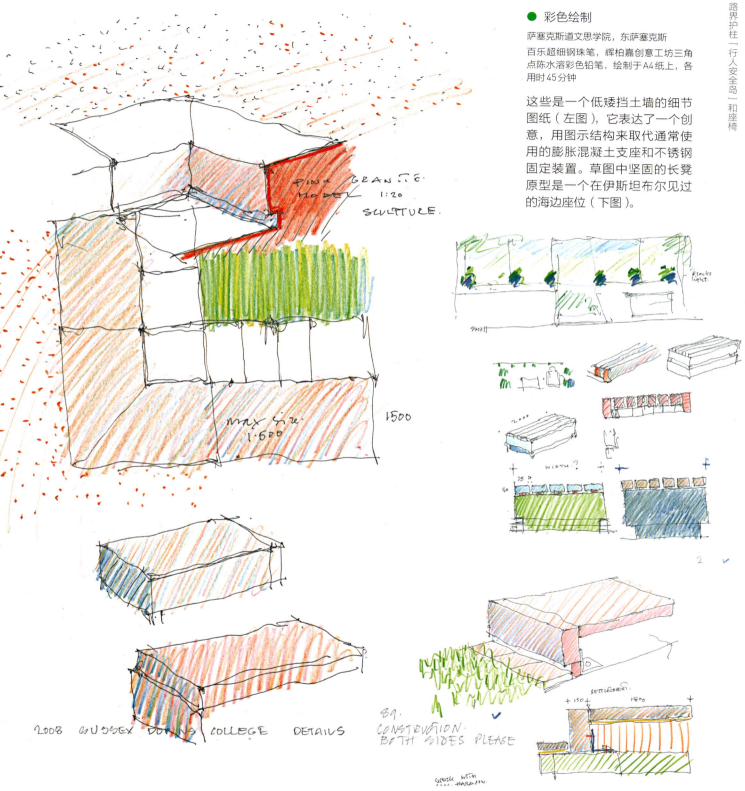

● 彩色绘制

萨塞克斯道文思学院，东萨塞克斯

百乐超细钢珠笔，辉柏嘉创意工坊三角点陈水溶彩色铅笔，绘制于A4纸上，各用时45分钟

这些是一个低矮挡土墙的细节图纸（左图），它表达了一个创意，用图示结构来取代通常使用的膨胀混凝土支座和不锈钢固定装置。草图中坚固的长凳原型是一个在伊斯坦布尔见过的海边座位（下图）。

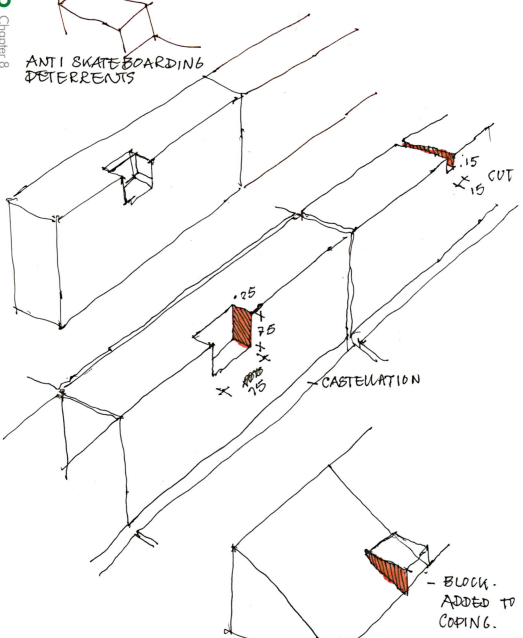

● 滑板运动场所

考文垂和平花园，沃里克郡
百乐超细钢珠笔，蜻蜓尼龙签字笔，绘制于A4纸上，用时30分钟

这些草图（左图）探究了滑板阻挡物的设计创意。照片是一张完成设计后石头材质的特写（下图）。

● 石头的优点

考文垂和平花园，沃里克郡
百乐超细钢珠笔，蜻蜓尼龙签字笔，绘制于A4纸上，用时30分钟

设计中应用预制的石头材料，能够在形状和大小上提供较大的自由度（对页图）。但是若广泛使用成品材料，就必须在设计早期阶段建立基本的尺寸模数规则，而不能盲目地选择尺寸。

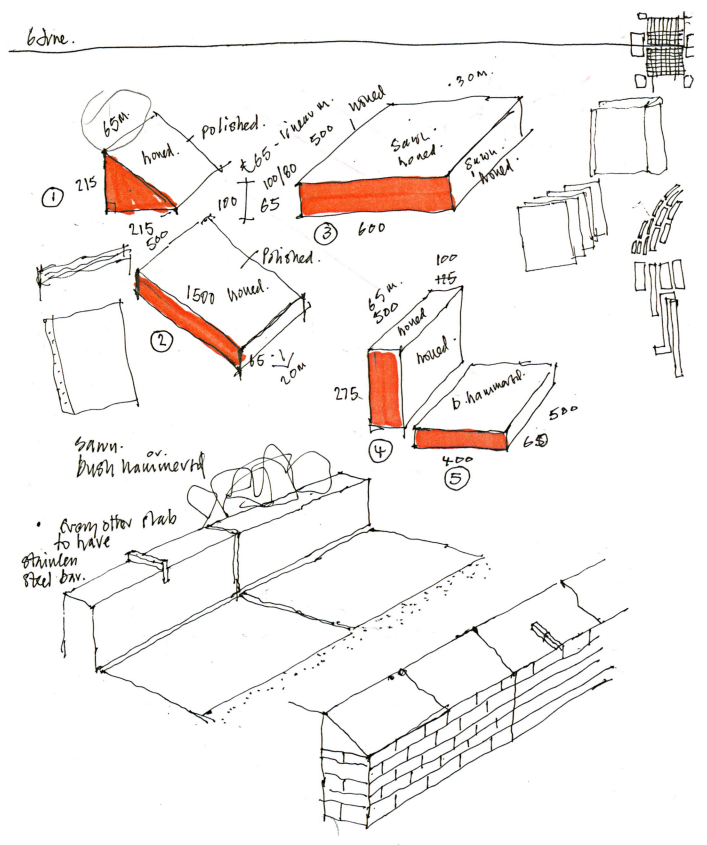

滑槽的构造细节

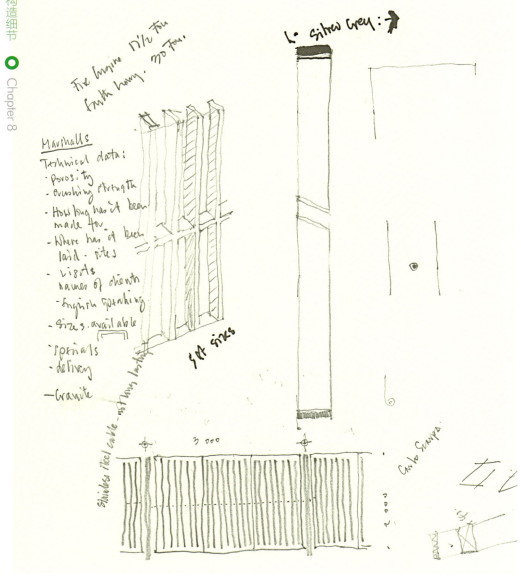

● 用木材和钢材制作屏风

洛克斯庭院，曼彻斯特
0.5mm 铅笔，绘制于 A3 描图纸上，各用时 2 小时

通过定制加工所产生的独特细节可使设计方案富有个性。同样这也是一个富有趣味的设计，不过它们所包含的趣味很难得到真正的体验，因为确保能够将不寻常的材料制品成功的组合在一起需要花费大量时间。但为使客户、工匠和设计团队确信其优点所付出的努力都是值得的。

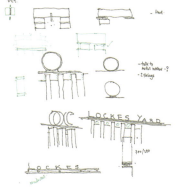

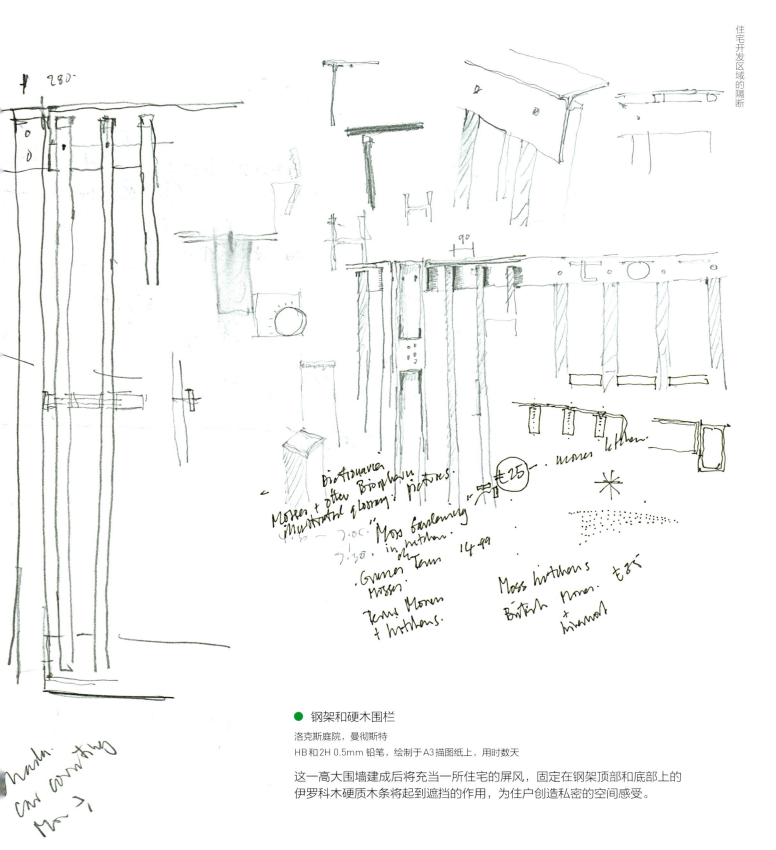

● 钢架和硬木围栏

洛克斯庭院，曼彻斯特
HB 和 2H 0.5mm 铅笔，绘制于 A3 描图纸上，用时数天

这一高大围墙建成后将充当一所住宅的屏风，固定在钢架顶部和底部上的伊罗科木硬质木条将起到遮挡的作用，为住户创造私密的空间感受。

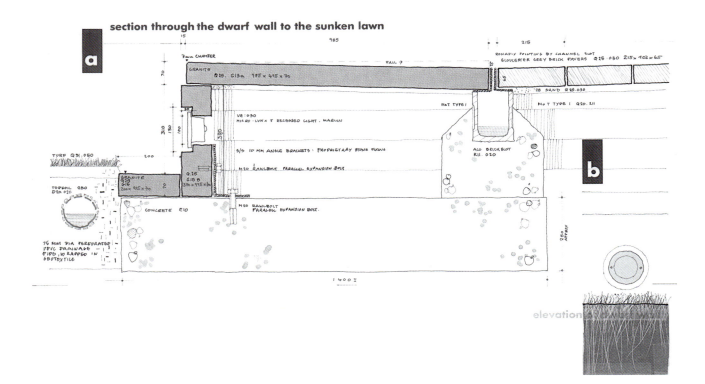

● 低矮的挡墙

剑桥大学圣约翰学院

辉柏嘉创意工坊针管笔，HB铅笔和Copic宽头记号笔，绘制于A3描图纸上

如果石材仅仅被用作覆盖层，那么挡墙的建设成本就会非常昂贵。必要的细节处理、协调不锈钢固定装置安装以及建造混凝土墙都是隐性成本。

● 花岗石块料

剑桥大学圣约翰学院

橡木座椅的细节，设置座椅表面与挡土墙的表面齐平。

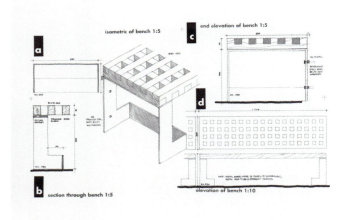

● 长椅的细节

剑桥大学圣约翰学院

无论是徒手表现还是电脑绘制（顶图），在施工图的设计里都应关注细节（上图）。这就会为承建者留下一个良好的印象。以便最后工匠们克服困难并出色地完成这项工作。

有时候想象自己在一只蚂蚁的活动范围内生活，是一种测试某一特定细节是否实用的有效方法。在与工匠们讨论某些非传统工艺施工的情况时这一方法尤其有效。

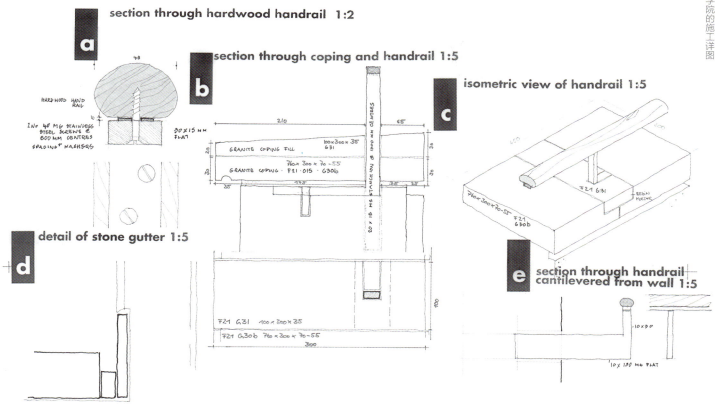

● 栏杆与排水系统

剑桥大学圣约翰学院

辉柏嘉创意工坊针管笔，HB铅笔和Copic宽头记号笔，绘制于A3描图纸上

这张图（上图）意在解决墙顶部结合处下方的水渍问题。顶部花岗石的顶面被切割出一个角，以便水排放到远离墙表面的植物中。设置一个石楔子位于两个墙顶结合处，这是进一步的细化，这里的钢结构可为栏杆提供支撑。橡木扶手被抬升且与钢结构保持一定的距离，以便让水不能汇集到两者的结合部，同时也为这个栏杆赋予了轻巧的感觉。景观结构的细小疏忽往往会带来不同程度的批评，而且补救这些被忽略的景观结构的代价是昂贵的。已建成项目的效果如左图。

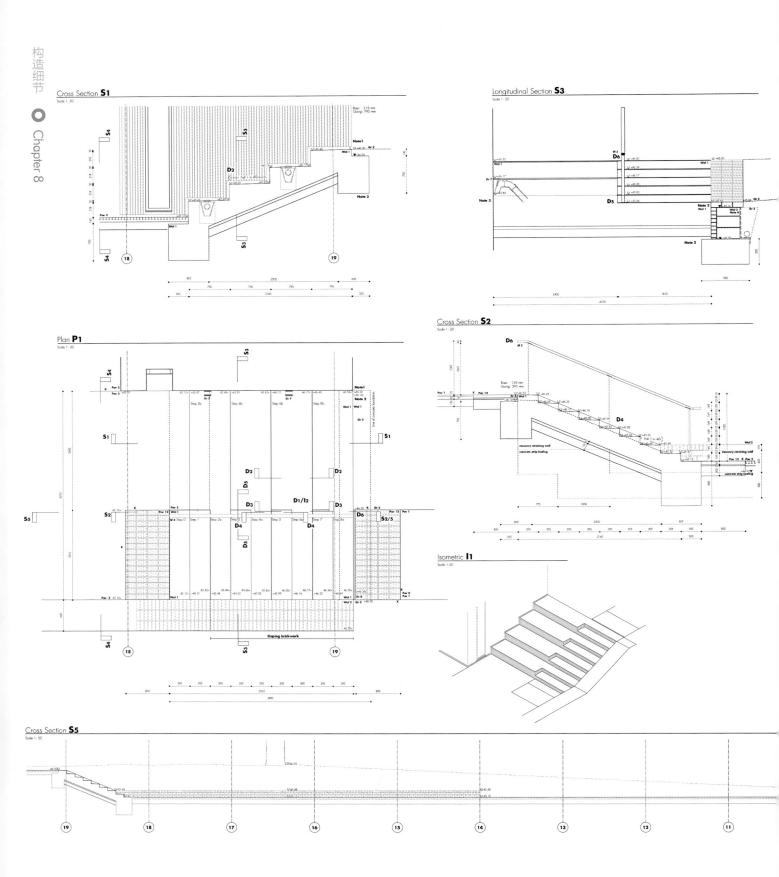

● 砖砌台阶

彼德莱斯学院，汉普郡
Vectorworks软件，由克劳迪娅·科西利亚（Claudia Corcilius）绘制

由于经费超过预算，这些煞费苦心画好的以手工砖为材料的台阶的方案（对页图）后来被取消了。这种类型的细节往往能够为景观方案带来强烈的品质感，只是在早期阶段就需要被认可，不然很容易由于经费的问题而成为牺牲品。

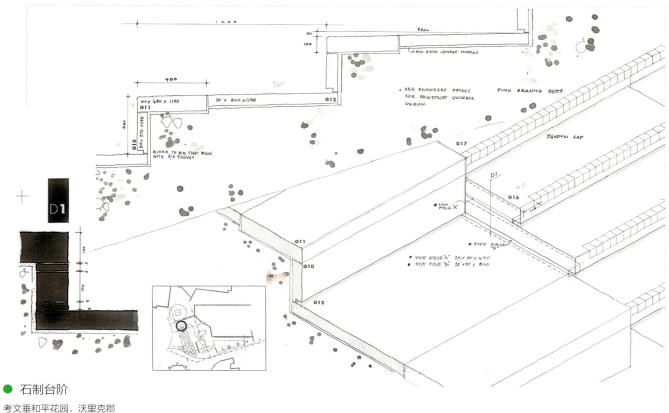

● 石制台阶

考文垂和平花园，沃里克郡
辉柏嘉创意工坊0.18和0.25艺术钢笔，艾迪马克笔，天鹅37记号笔，绘制于A3描图纸上

位于考文垂的石制台阶等容线图细节（左图），强调了台阶前缘的可见度。在台阶建成之前决定省略其突出的石块，但后来由于滑板运动盛行就出现了问题，这种问题被再次提出。若用环氧树脂单独固定这些台阶前缘的小块极其昂贵，因此后来就将其替换成了更大的花岗石块。正在建设中的台阶效果如上图。

石笼墙

赖特布克斯，沃金，萨里

Vectorworks软件，由克劳迪娅·科西利亚（Claudia Corcilius）绘制于A0描图纸上

园墙可适当减少附近繁忙交通的噪音污染，为新美术馆营造一个安静的环境。设计的重点在于与隔音墙的结合，它创造了一系列的微空间使花园与外部的道路隔离。将标准的钢丝石笼筐设置在凹进处之外并且高于墙的高度，而内部的混凝土芯显露在座椅的后面。由于在有限的预算里这个细节显得非常昂贵，因此需要对设计和尺度进行周密考虑，将工程要素转变成花园建筑的组成部分。

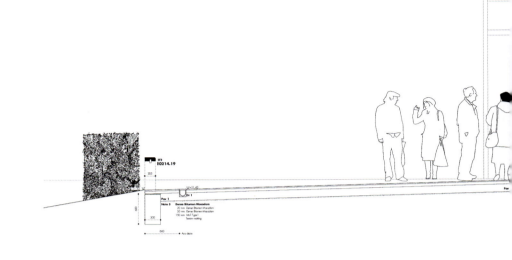

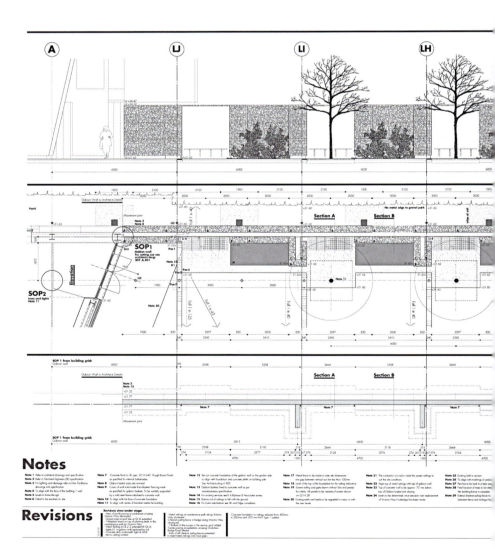

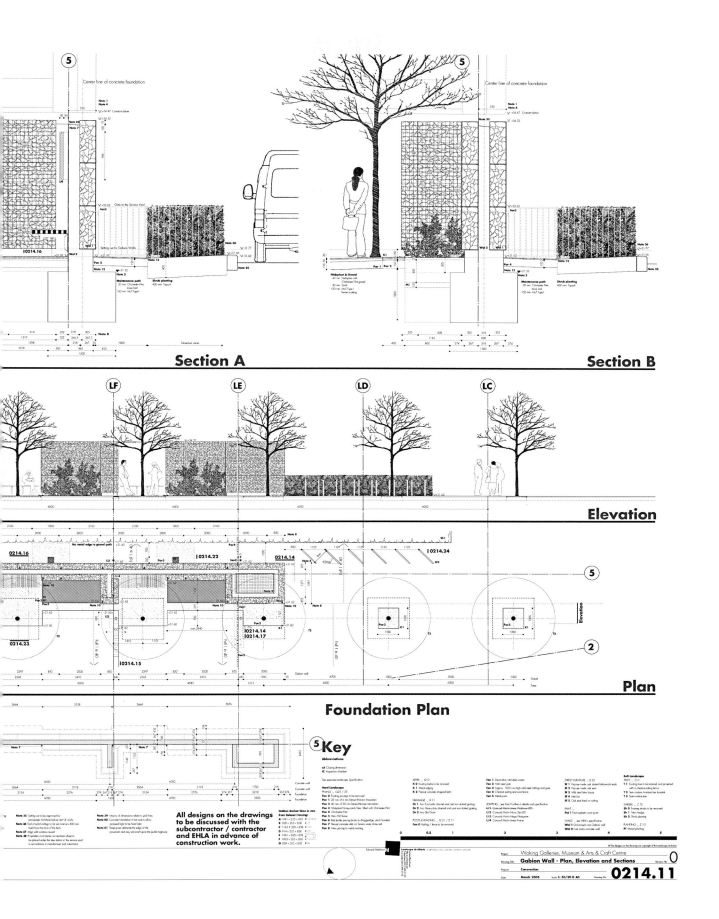

CHAPTER 9
完成项目介绍
剑桥大学圣约翰学院考文垂和平花园

剑桥大学圣约翰学院场地的概况

接下来将要介绍的场所位于剑桥大学圣约翰学院,包括为40名研究生和研究人员修建的住所以及供该住所独立使用的3个新庭院,同时包含被三角地块所包围的翻新的旧商店。临近的花园住宅已经停止使用并封闭起来,封闭的庭院成为都市丛林,但是市政规划部门考虑到这一清静之地是剑桥大学历史和发展的见证,因此学院要求修复建筑,并提出其景观的建造要与该地块的历史文化底蕴相适合。

景观介绍往往不够具体、明确,通过历时18个月的现场考察,我们向建设委员会提交了报告,其间我们无数次探讨了该地块的全部潜能。在过去的500年中,该大学的景观一直是英国现存的最美的城市景观之一,丰富多彩的校园生活和谐地融入这一历史遗迹,为这一方土地增加了亮点,因此对此地进行智能化设计,反而会变得不伦不类。新的景观设计方案必须在该地块被用于其他建设之前定稿。同时,有必要进行小气候研究工作,因为事实上当前期的拆迁工作开始时,阳光将持续照射以前树木遮蔽下的阴暗角落,此地的树与灌木丛遮蔽了大部分空间。详细研究这一地块的小气候,以探明每天早、中、晚这3个关键时刻阳光照射的部位。

为了避免建筑受损,建筑施工必须谨慎,不能使用桥式起重机,所有的材料都需要依靠人工进行搬运。这一难题给施工队伍完成项目增加了难度。在这个特殊的情况下,景观承包商主动接受了挑战,并证明了他们最高的施工工艺水平。

● **铺设花岗岩石板**
考文垂和平花园,沃里克郡

扭曲、倾斜的花岗岩石板铺设连接着一系列已经确定好的水平标高,并能通过缝隙将过滤的空气和水滋养着树的根系。铺设的灵活性,底层、基层以及连接节点的处理,都充分考虑了渗透性,这些都在一定程度上解决了植物的滋养问题(见P186)。

在考文垂，当地的赫伯特美术馆和博物馆的扩建工程为提升城市景观与环境建设提供了良好机遇。这就决定了需要重新设计新大教堂和大学之间的广场，该广场将在扩建以后呈现出新的拓展景象。在1940年的"闪电战"中，一些老城的遗迹得以幸存，新的设计将会忠实于幸存遗迹原有的位置：能够供游人参观的中世纪地窖，利用一块巨大的砂岩铺装其表面而表现出其幸存遗址的属性，古建筑前50毫米宽的青铜线条表明了其界限，砖块的铺装设定在其内部区域以及以花岗岩为标志的外部墙壁。沿着贝利巷历史性民居群墙上的耐候钢板上刻有可以追溯到1540年曾经居住在这里的居民的名字和职业，这一景观有着巨大的视觉冲击力。贝利巷至高点所在地的老的大教堂的窗户包裹着线性的铁边，展示着1940年以前所盛行的一种装饰方式。内部边缘的腐蚀反映了炸弹所造成的破坏。

重建的考文垂和平花园包括两蹲石雕、附加在旧景观上重建的新景观环境以及花园中扭曲着的象征和平的橄榄树。一块小草坪建在一个升高的台阶上并用砖块作为边饰，一方面是为了保护草坪，另一方面是尽可能地为游客和学生提供一处非正式的休闲区域。另外，在修道院通往博物馆入口的步道上提供了更多的座位。一丛多梗唐棣属树木界定了花园的边缘，以便在春天营造出白色花瓣漫天飘飞的亲密氛围，高大的砂岩作为边沿也构建出了引人注目的艺术效果，同时，生长出的硬质景观形成了横跨整个场地的水平面的变化。花园已成为城市中流行和大家乐于接受的开放空间，尽管其规模受制于总体项目，但在整个项目进行过程中，能够看出花园的采用解决了许多棘手的利害问题。

剑桥大学，圣约翰学院

简介：为研究生和研究人员提供住宿，形成3个新的庭院，同时要保护地块周边的老商铺。

● 特定场所

未被充分使用的三角地块将被用于建造住宅，而该地块的一些建筑已经逐渐被荒废，地面杂草丛生。人们意识到新的设计重点是3个新的庭院景观，同时具有历史意义的建筑将会被小心翼翼地重建起来。

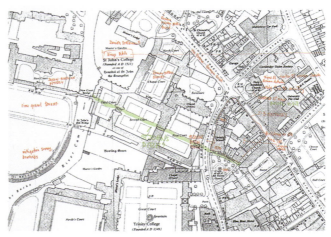

● 地貌

在一张历史地图的影印本上，记录着景观观察信息（上图），这一有效的常用方法，使得我们越来越熟悉该地块的历史。航空拍摄也是一种用于熟悉某地块的即时有效的手段。

项目简介和历史背景

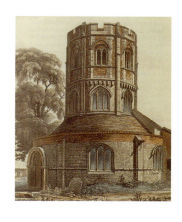

 考古学

剑桥大学的历史以各种方式影响着这里。剑桥街以北原本是笔直的罗马大道，经过了整个中世纪的变迁之后，其指向性越来越弱。维京人在公元850年来到该沼泽地，通过填埋沼泽地的排水沟网改善了低洼的城镇。其中一条沟渠接近学校三个主要庭院中轴线的下方。在12世纪，来自圣地的十字军战士修建了大量的圆形建筑，例如剑桥街上那样的圆形建筑（上图），其造型模仿了在耶路撒冷的圣墓。在英国，共有5个教堂拥有与剑桥街上的这种圆形教堂相同的结构。

从诸如考古、历史、文化、人口特征等各方面，评估当地的自有属性显得尤为重要，除了在地块现场进行的图解化思考表现以外，摄影也能把握瞬间的视觉记录。从尽可能多的方面对当地进行深入理解，能够激发出设计师超乎想象的思维灵感和无限的设计潜能。

完成项目介绍

Chapter 9

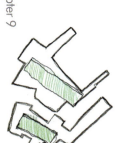
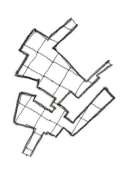
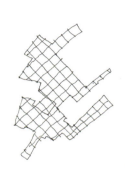
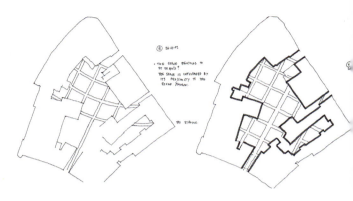

准确地评估外部空间的尺寸确实有一定的难度，将一个面积为625平方米的网球场作为参照物进行比较，有利于进行正确的估算。

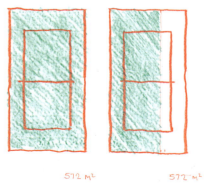

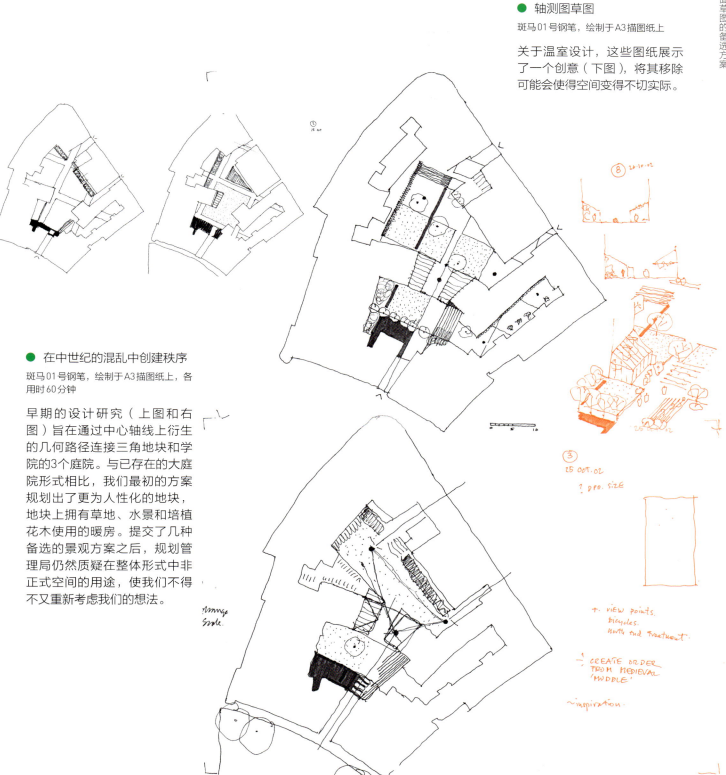

● 轴测图草图

斑马01号钢笔，绘制于A3描图纸上

关于温室设计，这些图纸展示了一个创意（下图），将其移除可能会使得空间变得不切实际。

● 在中世纪的混乱中创建秩序

斑马01号钢笔，绘制于A3描图纸上，各用时60分钟

早期的设计研究（上图和右图）旨在通过中心轴线上衍生的几何路径连接三角地块和学院的3个庭院。与已存在的大庭院形式相比，我们最初的方案规划出了更为人性化的地块，地块上拥有草地、水景和培植花木使用的暖房。提交了几种备选的景观方案之后，规划管理局仍然质疑在整体形式中非正式空间的用途，使我们不得不又重新考虑我们的想法。

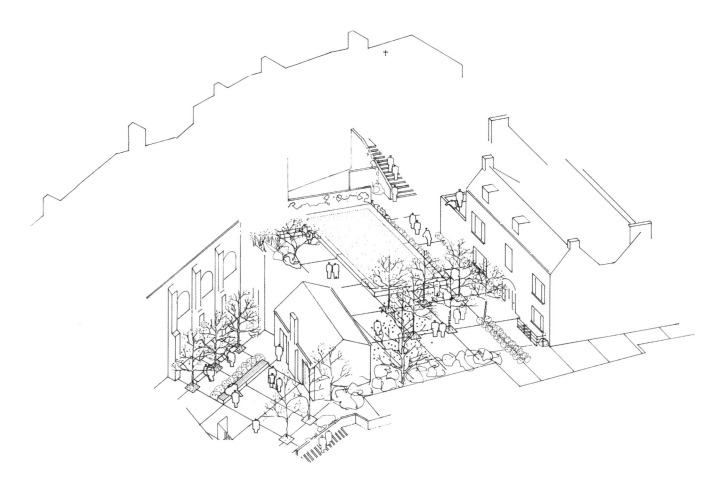

这一注重历史的复杂项目设计周期长达5年。大量全方位的关于景观的想法不断涌现出来，并用轴测图进行视觉图像化的检验，在与客户谈论时，轴测图的表达方式有助于直观地表现出空间的利用方式。

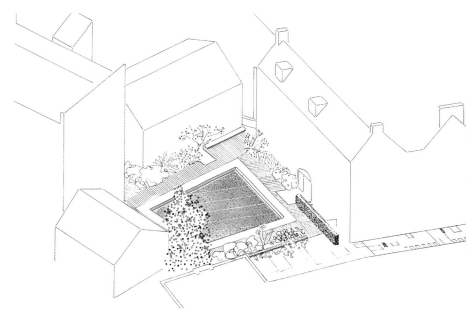

● 轴测图

红环0.18针管笔，百乐超细钢珠笔，HB铅笔，贝罗尔彩色铅笔，绘制于描图纸（30cm×42cm）上，各用时1天

根据项目进度的轴测图探讨了诸如水、温室、树、人工草坪、植物配置以及铺装图案等不同要素在庭院中的应用。

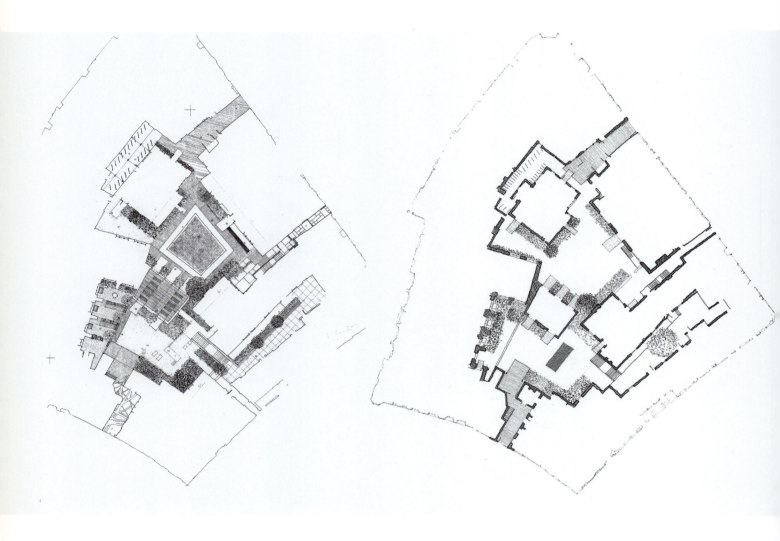

● 植物配置及铺装研究

斑马01号钢笔，HB和2H铅笔，绘制于描图纸上，用时1天4小时

这两个平面规划方案反映了建筑规划方案的发展深入。第一个方案（上左图）用来检验植物纹理和铺装设计之间的关系。第二个方案（上右图）展示了在建筑边沿的空间创造，用植物使原本刚性的建筑变得柔软，并强调了其边界。各种不同的媒介应用在两张图纸上，都是为了抓住光影和植物的复杂性。由于图像变得更加复杂而难于控制，使用修正液、橡皮和刀片对先前的铅笔、墨水等印迹做了适当修正。

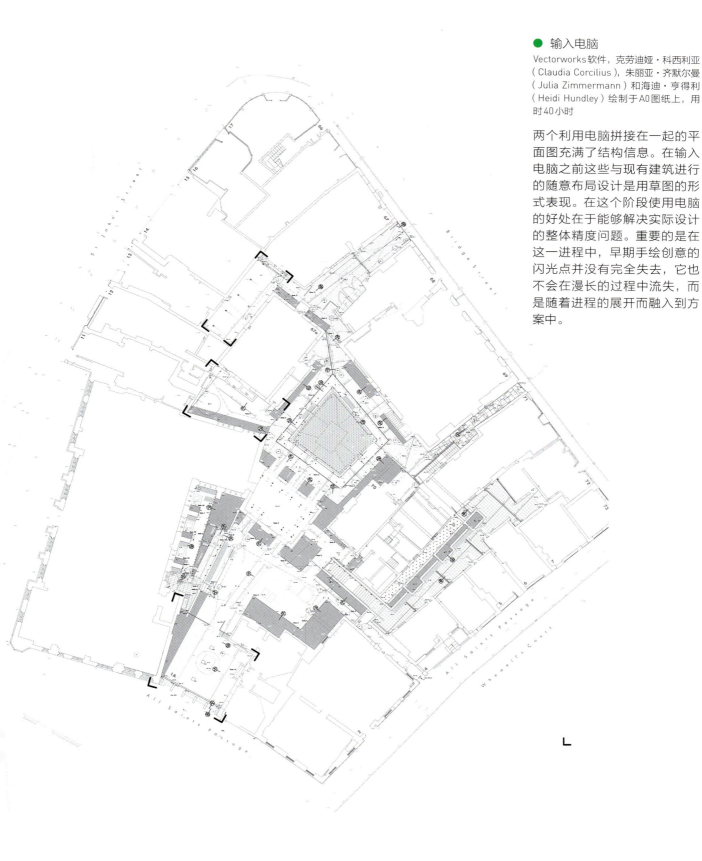

● 输入电脑

Vectorworks软件，克劳迪娅·科西利亚（Claudia Corcilius），朱丽亚·齐默尔曼（Julia Zimmermann）和海迪·亨得利（Heidi Hundley）绘制于A0图纸上，用时40小时

两个利用电脑拼接在一起的平面图充满了结构信息。在输入电脑之前这些与现有建筑进行的随意布局设计是用草图的形式表现。在这个阶段使用电脑的好处在于能够解决实际设计的整体精度问题。重要的是在这一进程中，早期手绘创意的闪光点并没有完全失去，它也不会在漫长的过程中流失，而是随着进程的展开而融入到方案中。

完成项目介绍 Chapter 9

● 水平高差、材料和尺度间的协调

Vectorworks软件，克劳迪娅·科西利亚（Claudia Corcilius）绘制

第一张该项目的电子图纸描述了关于景观水平高差、材料及植物方面的二维立面概念。它建立了设计的基本准测，使新的建筑景观和已有建筑建立起如同手与手套般的紧密贴合关系。虽然这些图纸发送给了承包商，但是上面包含的信息还不足以用来施工，不过它却能够有助于表达设计意图以及好的设计理念。承包商们乐于用这种类型的图纸来作为严格功能信息的补充。

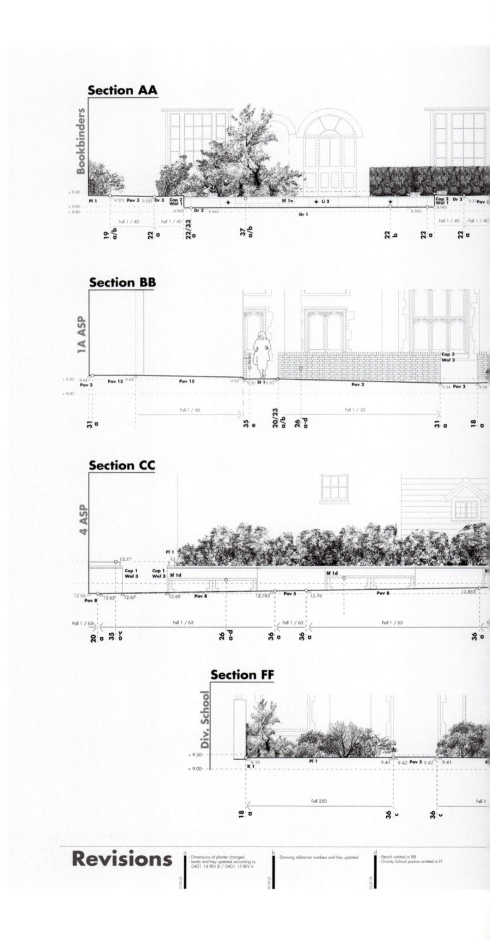

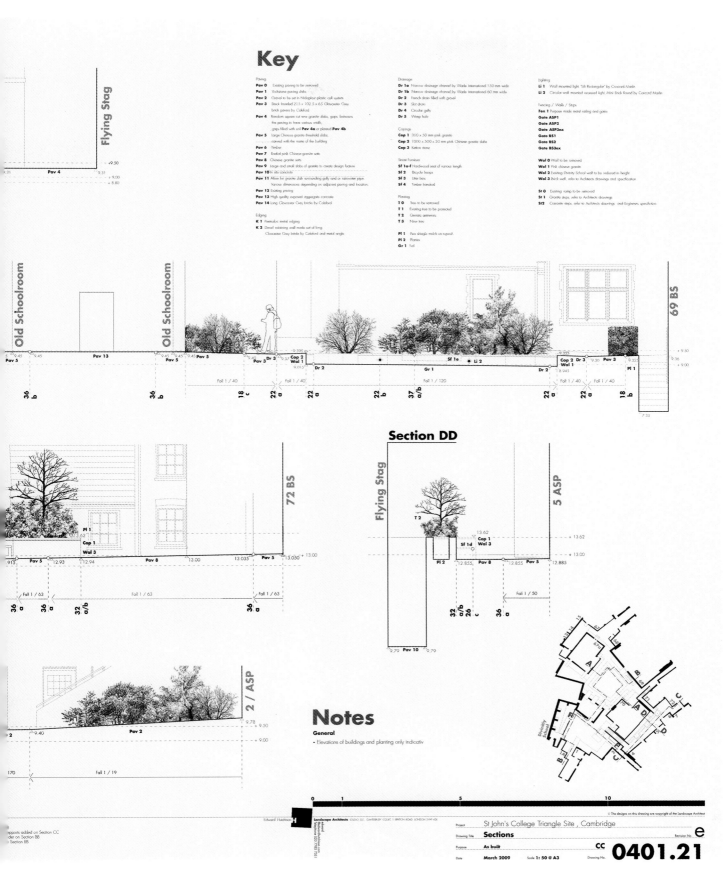

● 平衡照明设计

vectorworks软件;克劳迪娅·科西利亚（Claudia Corcilius） 和Van Heyningen &Haward绘制（84cm×120cm）。

照明设计是一种微妙的艺术。光照很难达到适度的平衡。过强，则如骤雨袭击般可怕；过弱，就会存在安全隐患。由于布局的自身属性，使得空间在使用上变得很灵活，这也成就了其不拘于成法的优点。特制灯具被设计为可保持特定的高度并维持特定的间距，以提示和标明不同院落的墙壁，同时用来划定地块的边界，这一点考虑得非常周到。

完成项目介绍 Chapter 9

● 逐步成熟的概念

HB 5mm 铅笔，绘制于A3描图纸上

如果将草图阶段的设计概念交给客户则显得过于粗略和薄弱，但是方案中关于地块的初步想法有助于制定植物配置的策略。

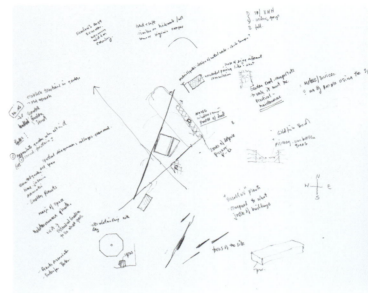

● 预测小气候

若要理解掌握该地块建设之前几年内的小气候特征需要通过实践学习。在这个过程中，利用建立一系列精准的图标系统表明相关信息，可以预测该地块的小气候。这些方法有助于设计师说明整个地域范围内将来可提供的植物生长条件。

植物配置设计带有很强的个人趣味倾向，植物的选择和组合有无限的可能性。选择植物的技巧在于首先制定一个整体设计的方案计划。

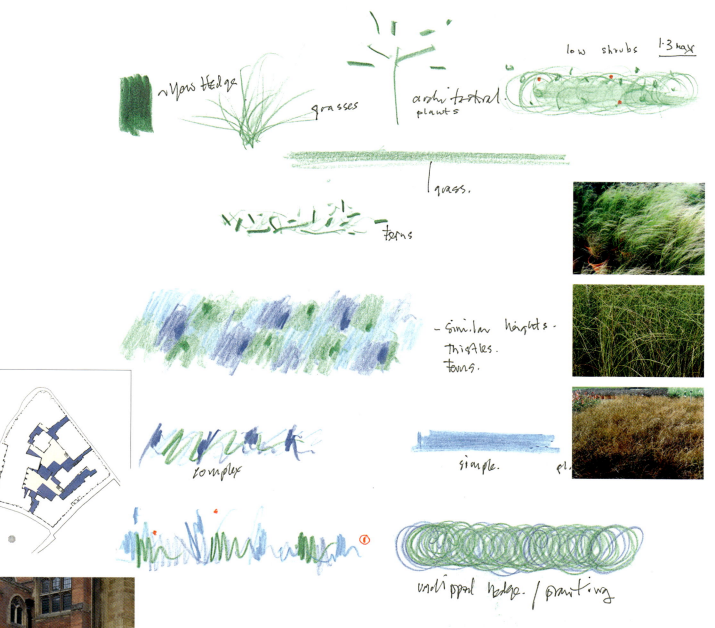

● 选择植物

这些快速表现（上图）展示了关于植物纹理的思考。照片展示了设计中选择花草的过程以及它们在苗圃中的形象（右上图），它们在竣工项目中的应用效果如左图。

完成项目介绍 Chapter 9

当要审视一个新的植物方案概念时,重要的一点是尽可能采用细致入微的多种方式进行。在这一阶段中所需要考虑的设计限制相对较少,首要的一点是要保持开放、活跃的思维。

● 植物纹理

辉柏嘉创意工坊艺术钢笔,HB和2H 5mm铅笔,天鹅37记号笔,百乐记号笔,绘制于A1描图纸上

用许多表现媒介来进行植物纹理的表达尝试,怀着愉快的心情创作了该表现图(左图),用石墨笔拓印描图纸的背面,从而得到细致深入的植物纹理,同时除去部分基层并使用白色修正液来暗示阳光和阴影。这种表现方法能够被用在较为实际的植物方案设计之中。照片展示了花园周围尚未成熟的完整的植物配置方案。

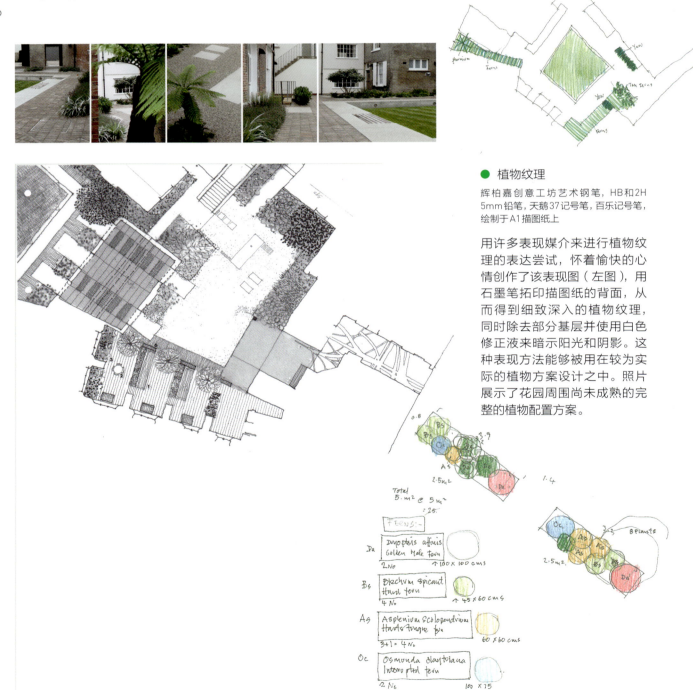

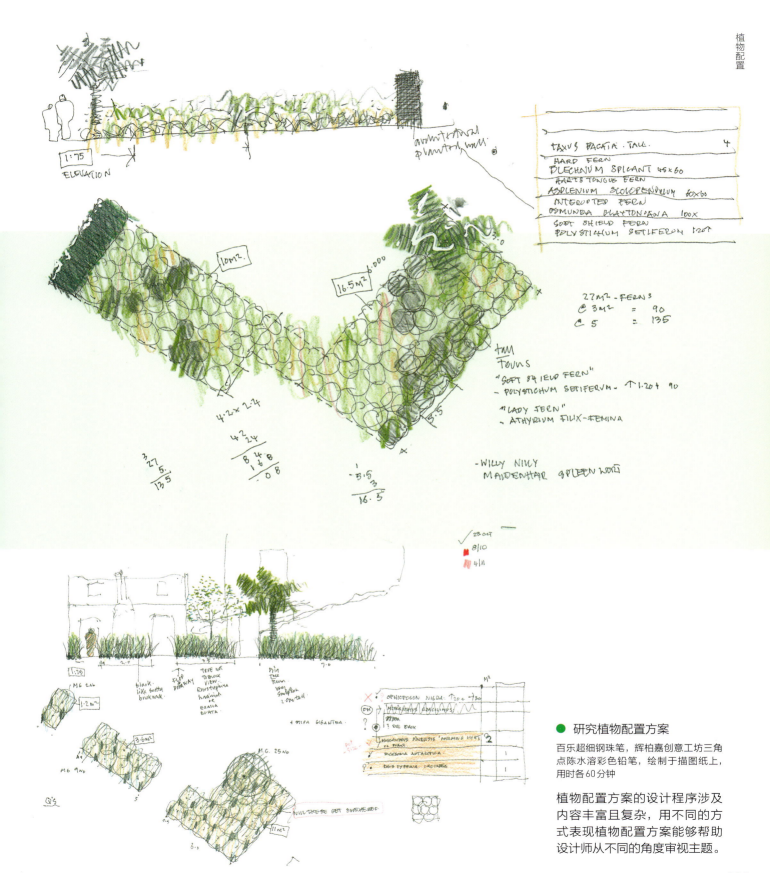

● 研究植物配置方案

百乐超细钢珠笔,辉柏嘉创意工坊三角点陈水溶彩色铅笔,绘制于描图纸上,用时各60分钟

植物配置方案的设计程序涉及内容丰富且复杂,用不同的方式表现植物配置方案能够帮助设计师从不同的角度审视主题。

完成项目介绍

● 提炼方案

辉柏嘉创意工坊0.18和0.25艺术钢笔，0.5mm和0.3mm铅笔，绘制于A3描图纸上

右图为下沉草坪角落的结构表现草图，在设计依据的初始规划中，老的教室被拆除，以使空间尽量宽敞。设计者们自我否定了这个设计提案，同时为该建筑保留了一个开放的长廊（下图）。手工砖和花岗岩的铺装图案反映了地块复杂的几何形状（右下图）。地表景观与地面设施的协调相对比较复杂。

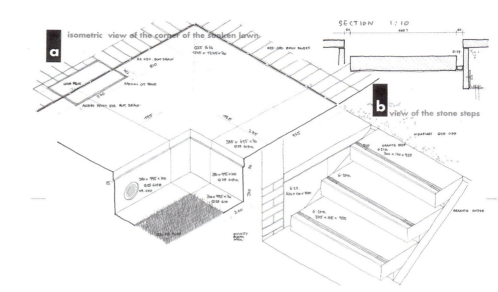

铺装详图

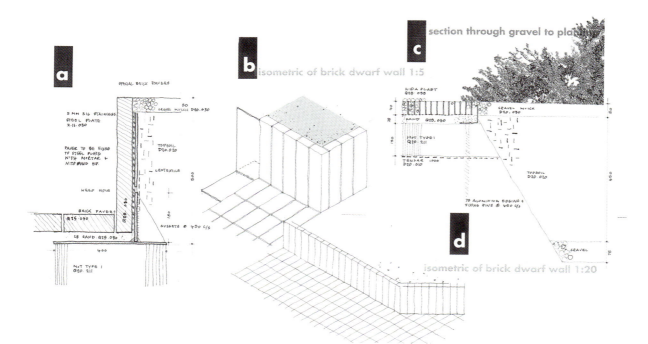

● 砖的边缘

辉柏嘉创意工坊0.18和0.25艺术钢笔，0.5mm和0.3mm铅笔，绘制于A3描图纸上

由于这些砖块都是手工铺装，因此能够用不断变化的小裙墙来处理过长的铺砖，图中的草图即表现出了这种结构（上图）。

● 放射状的石板

花岗岩石板最初被用在圆形大教堂中以设置其圆圈的中心。然而由于曲线刻画得太浅而不是很明显。

207

完成项目介绍

Chapter 9

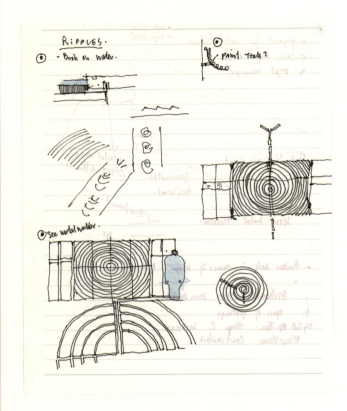

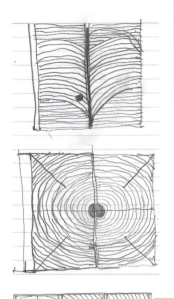

● 信笺纸背面的草图

百乐超细钢珠笔，HB铅笔，绘制于描图纸（30 cm×42 cm）上，各用时60分钟

在粗糙纸上快乐舒畅地自由表现的最初草图很难去控制整个项目中的相邻阶段。同时也不可能在整个项目过程中始终保持这种创意思维的活力，除非所有的图纸在整个施工工程中能够蕴含着激情的火花。

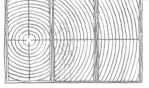

● 起源

白色中性笔，绘制于A3黑色描图纸上

现有的熟铁工艺是我们获得灵感的来源。

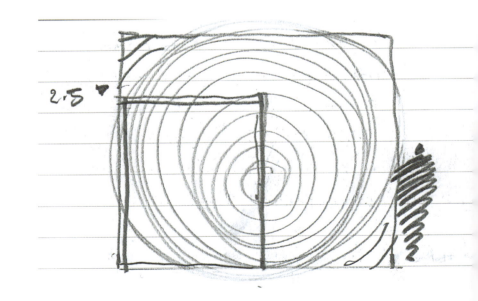

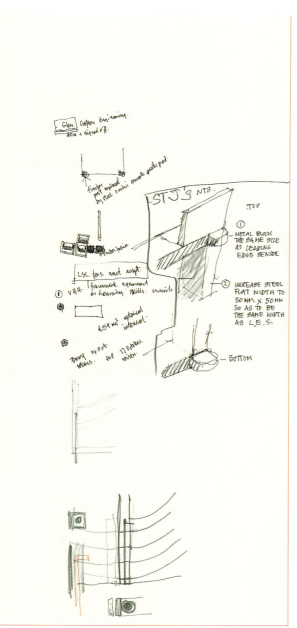

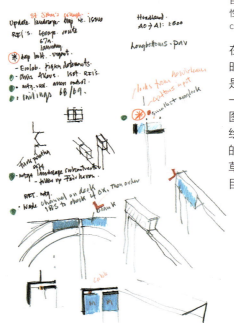

● 粗略的草图细节

百乐超细钢珠笔，HB 铅笔和施德楼水溶性彩色铅笔，绘制于纸上（20cm×25cm），用时45分钟

在承包商工作室开会讨论方案时，使用带有注释的快速草图是一种高效的交流信息的方式。一旦让制图人员明白设计的意图和所要达到的效果，他就能绘制出详细的图纸，前期顺畅的交流会使得后续简明扼要的草图都能达到交流传递信息的目的。

● 第一次固定

上图为用来检测弯曲角度连接的部分门的实验模型。请注意图片左下方的彩色铅笔盒。这张图片显示了地块上大门的第一次固定，以保证它被正确地悬挂（左图）。

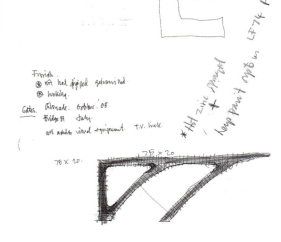

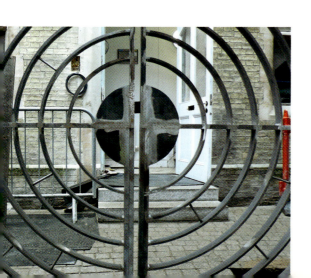

209

完成项目介绍

Chapter 9

用一般的金属建造独特的大门，需要花费大量的时间和金钱才能够获得满意的效果。

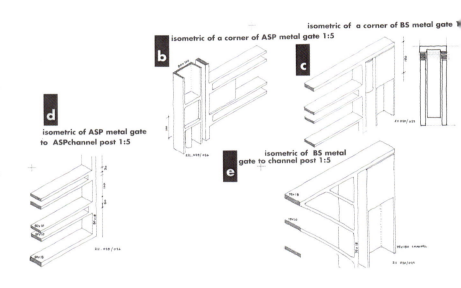

● 金属加工图纸

红环0.18针管笔，百乐超细钢珠笔，HB铅笔和贝罗尔彩色铅笔，绘制于A3描图纸上

上图为大门的正视图，右图为完工的草图，右上图为包含弯度及渠道位置等典型细节的轴测图。

● 转换设计
来自金属制造工厂的部分图纸。

任何来自工厂的图纸都必须准确地反映设计者的意图,这一点十分重要。在这个阶段可能会由于各个方面对于细节的重要性缺乏理解而失去原创的设计精神。

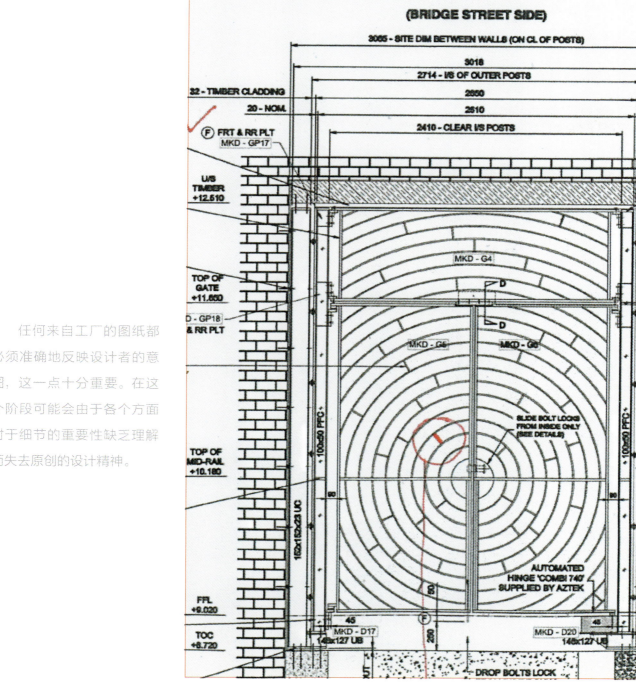

包含持续的分析和不同诉求方向的草图会在最后的修建规划中越来越有价值。在整个工程进行过程中有许多的变数,设计概念必须非常明确,以避免被淡化。

● 天际轮廓线
在设计方案中不种植树木而使视线非常开阔,从而强调和突出剑桥城中部丰富的天际线。这个创意在脚手架被拆除、工程接近尾声时才凸显出来。同样,小块下沉的草坪具有超乎想象的效果,因此相对种植树木而言,这个创意显然"更胜一筹"。

竣工

● 景观的精要

辉柏嘉彩色铅笔，绘制于A3优质纸板上，用时45分钟

上图为在剑桥大街68/69号室内看到的下沉草坪的场景。这一草图完成于项目竣工阶段（左图），设计过程漫长而复杂，其目的在于提取众多的设计要素。

213

考文垂和平花园

简介：建造一个能够延伸到赫伯特艺术画廊和博物馆的景观。

● **战争时期的考文垂**

在1940年11月14号晚上以后，考文垂变得和以前不一样。可以肯定的是大约515辆空军轰炸机轰炸了这一纵横交错但井然有序的城市，作为前期轰炸慕尼黑的报复，敌军投下了500吨高爆炸弹。建成于14世纪并在中世纪时就已作为城市一部分的圣迈克尔大教堂也在被破坏之列。战争结束以后，城市建设的恢复时期，由巴兹尔·斯彭斯爵士（Sir Basil Spence）建设的新的大教堂处于这一区域。在20世纪60年代，考文垂被看作是世界的"和平与和解"中心，进一步说明了战争给城市带来的创伤。20年后建立的和平公园巩固了这一地位，并由女王的母亲为公园举行了开园仪式。此时出现了重新考虑这座园林的设计与重建赫伯特艺术画廊和博物馆的机会。从由贸易委员会制作的地图中能够看出1851年时的城市中心（左图）。1905年第二版地形测量图（左下）。

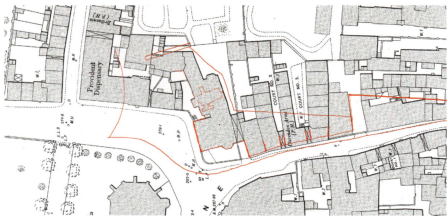

- 大教堂废墟

顶图为"闪电战"后教堂某天的图景,砖瓦依旧弥漫着战争的硝烟。考文垂的足球队被称为"天蓝部队",就源于这一无顶的建筑废墟。右上图显示了朝向贝利巷教堂的视角,上图显示在设计竞标开始时的和平公园的原貌。

● 基础分析

记号笔，绘制于A3纸上，用时60分钟

这种粗糙、简略的示意图（左图）集中表现了一些必要的因素——视角、入口、步行道以及绿色空间等，这些因素一直是该项目所历经的七年时间里所要处理和设计的关键。人流动线的解决成为一个重要性的问题，同时2米的水平落差增加了地块的复杂性与趣味性。

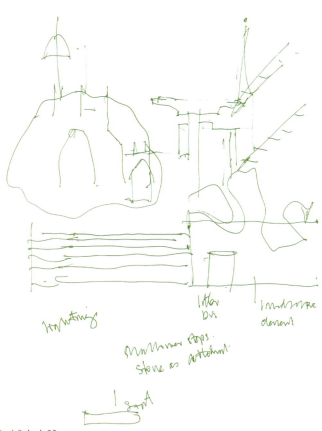

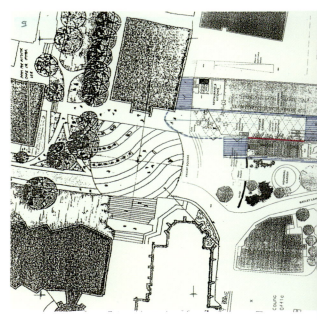

● 城市文脉

记号笔，绘制于A3纸上，用时60分钟；蜻蜓尼龙签字笔，在描图纸覆盖下复合绘制于A3纸上，用时60分钟；斑马01号钢笔，绘制于A4纸上，用时10分钟

第一张地块分析草图直接绘制于地形测量图上（右上图），地名用修正液覆盖。一个简单的拼贴抽象画描绘了地块的小气候（右图），同时在稍后的设计进程中回答了对于大面积提供的座位位置都是背着太阳的质疑。然而这个概念还是得以成功通过。这一现场草图是探讨设计的另一个基础阶段（上图）。

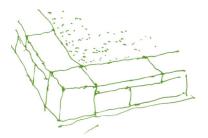
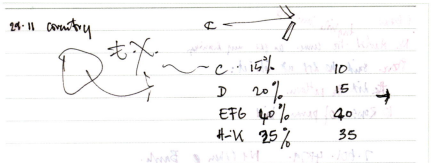
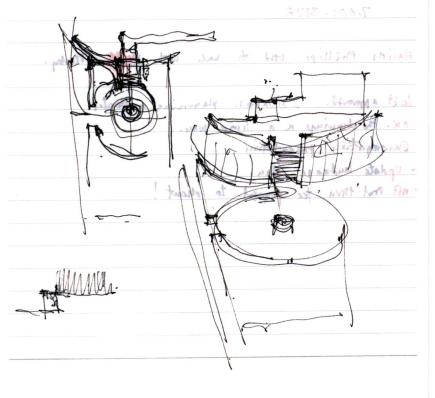
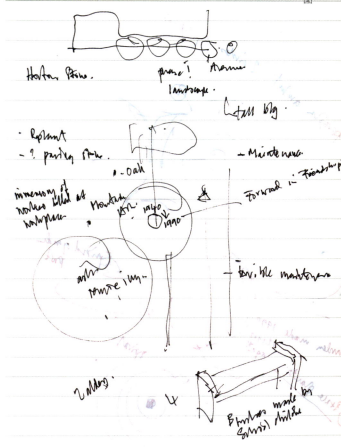

● 最初的草图

斑马01号钢笔，绘制于A4纸上，用时30分钟

这些尝试性的草图探讨了和平公园内纪念雕塑的潜在意义，同时也考虑了雕塑的费用问题。

完成项目介绍 ○ Chapter 9

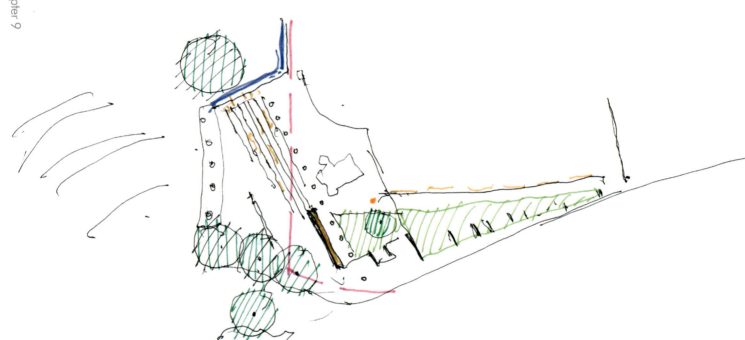

● 平面图

施德楼三角舒写纤维笔，百乐超细钢珠签字笔，绘制于A3纸上，用时20分钟

这一快速草图代表了"欢呼"（Eureka!）的瞬间。参与这个项目两年之后，设计解决方案变得显而易见。虽然是粗略的表达，但是所有的元素，诸如台阶、树木、花草及钢制部件等都已具备。

欢呼的时刻

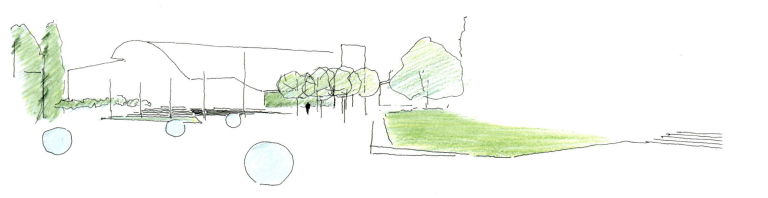

这种表现方式相对比较容易,同时用卡片的方式记录检测目标设计非常有用。为使图像更具说服力,依据消失点、尺度比例等协调、建立画面的透视与数码表现都需要花费一定的时间。同时,我们很容易被貌似具有权威性的线框图所误导;在这个案例中,屋顶轮廓线的透视角度是错误的。

● 透视图

斑马01号钢笔,贝罗尔记号笔,绘制于A3描图纸上,用时2小时,不包括使用计算机辅助设计的时间

一种设计取向的简化透视图显示了从大教堂台阶底部(观察)的视角。图像用拷贝纸从照片上提取出来并用电脑绘制框线图。

完成项目介绍 ○ Chapter 9

工作中用于记录的纸张通常能够反映过去所付出的努力的精神和活力。当发展深入新的设计时，这可能成为一种特殊的设计灵感刺激物。

● 轴测图

辉柏嘉创意工坊 0.18 针管笔，绘制于 A2 描图纸上，用时数年

经过多年的时间在一张描图纸上不断叠加原始的轴测图（顶图），创造具有竞争力的提案以适应不同的设计需要。

● 不完整的透视图

辉柏嘉创意工坊0.18针管笔和2H 0.3mm铅笔，绘制于A3描图纸上，用时4小时

这张效果表现图是用描图纸在CAD线框的基础上结合地块照片描绘完成的。

设计拓展

完成项目介绍 ○ Chapter 9

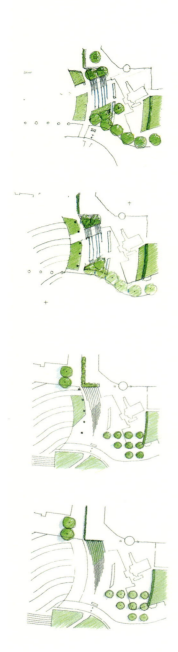
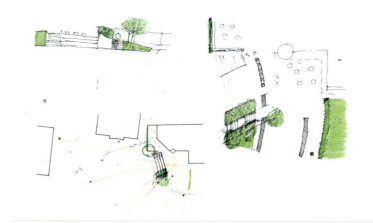
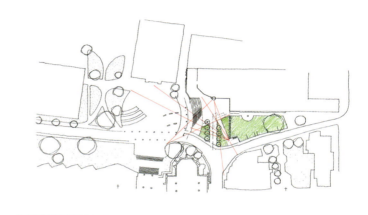
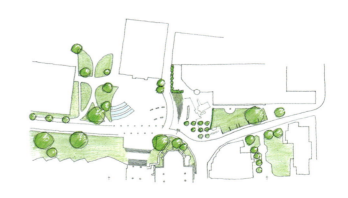

● 人行横道

记号笔，绘制于A3纸上，各用时30分钟

新的公共空间对面的大教堂在博物馆扩建计划完成之前就已经被设计出来了。这些图纸形成了关于进入博物馆入口处的人行横道的广泛研究中的一部分，通过这些研究最后形成了修道院广场的修改设计方案。通过12个月的研究工作证明了"绿色边界"概念的不切实际性。

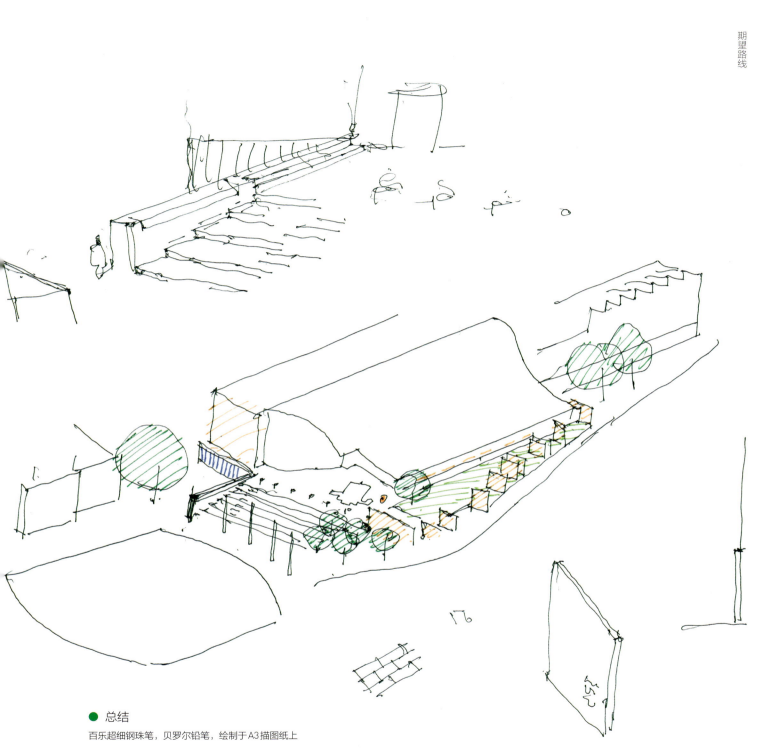

● 总结

百乐超细钢珠笔，贝罗尔铅笔，绘制于A3描图纸上

在漫长而困难的设计阶段结束以后，绘制快速轴测草图往往来得比较容易。汲取了各种各样信息的大脑能够自如地指挥手在图纸上进行创意表达。

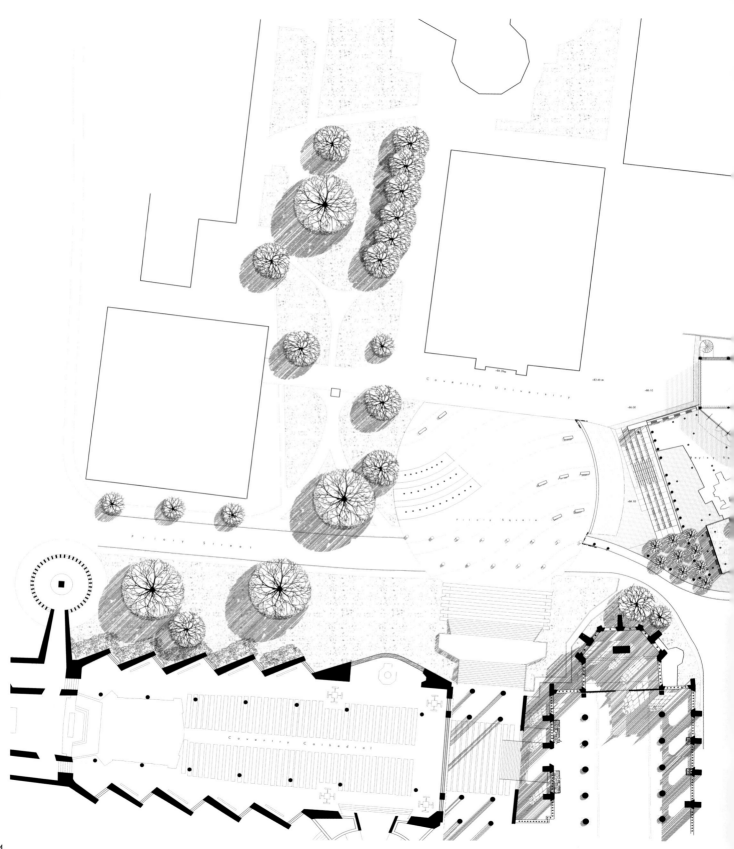

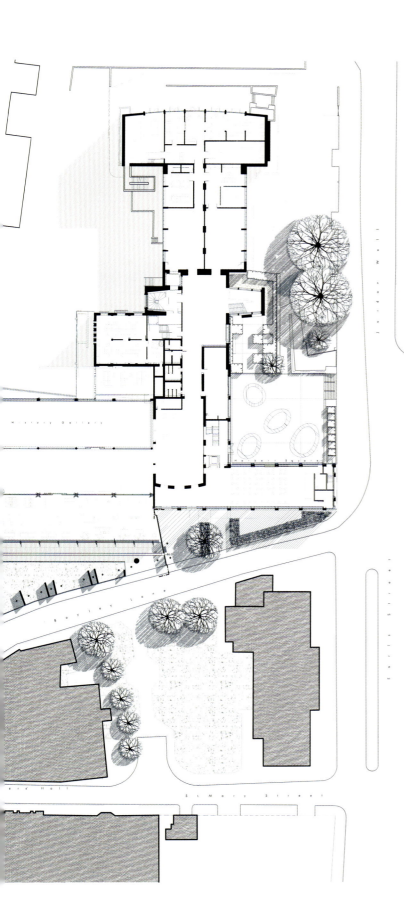

● 环境关系中的设计

Vectorworks 软件；由萨拉·麦凯（Sarah Mackay）、克劳迪娅·科西利亚（Claudia Corcilius）和海迪·亨德利（Heidi Hundley）绘制；用时4年以上

这张图纸表现的是景观在其系统结构中的诉求，描述了公共空间内部及外部的关系，以及整个和平花园和旧大教堂。

公共空间的功能始终是设计方案优先考虑的因素。之所以如此认真地表现设计图纸，关键在于认识到委员会是在讨论设计过程中可利用的重要资源。

完成项目介绍

Chapter 9

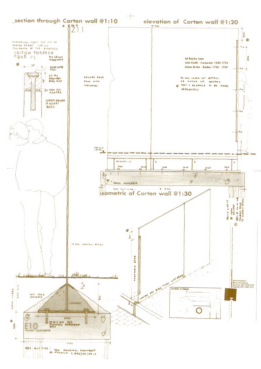

● 与过往岁月的联系

高压水流切割工艺能够保证钢板切割的精度。在这里，15mm～20mm厚的耐候钢板上刻有字母。钢板的土红色反映出当地的沙岩色彩，勾画描绘出那些属于中世纪时期该地域原本矗立着的房屋群墙的线型。钢板上的刻字记录了16世纪以来早期居民的姓名和职业。

● 缩减偏差

百乐超细钢珠笔，施德楼三角舒写纤维笔，绘制于A4纸上，用时60分钟

客户被说服为钢板边缘增加安全带。其原因在于钢板吸收了太阳的热量后，很有可能会烤干临近的草地。尽管他们很厚，由于单独的钢板还是会在岁月中因自然力的作用而扭曲，因此将一块小钢板焊接在距离顶部20mm的地方以减少这种偏差（右图）。另一个草图表明了如何固定钢板（右上图）。

226

耐候钢的前期成本较高，但其后期不需要维护，综合考虑起来会是一种经济实用的材料。同时，耐候钢对天气有一种天然的协调能力。

● 建造物的细节

Vectorworks软件；克劳迪娅·科西利亚（Claudia Corcilius）绘制于A1纸上

在设计的偶然间得到了一种意想不到的效果，耐候钢的厚度配合不同的刻字背景创造出一种幽静的效果（上图）。为了避免横向的线条穿过文字，金属吊牌被设计为垂直固定的（左中图）。这一细节提升了整个构件的品质（左上图）。

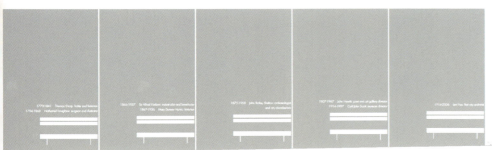

为一个地域选择合适的植物是一件令人兴奋的事情。通常选择范围非常有限，一旦有适宜种植的植物进入视野，该植物就有了被选择的机会。这方面的例子存在于曼哈顿的植物配置设计中，那里与人体尺度适合的小乔木削弱了摩天大楼对环境的不利影响。

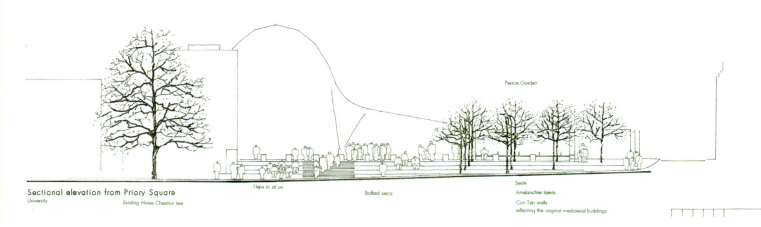

● 为空间选择树种

Vectorworks软件，克劳迪娅·科西利亚（Claudia Corcilius）绘制于A1图纸上

樱花被用来构建和平公园边缘的私密空间，它们眺望着两个大教堂。隐约表现出设计师提倡保护和协调的意识，树木从树林一直延伸到座椅附近。这些不同寻常的超大多茎的唐棣属的树种为了整个项目保留了3年，为了项目的实现，德国树木培育机构对于这个大项目给予了很大的支持，3年来并未收取任何费用（右图）。顶图和上图显示了树木的不同水平高度和间距。

● 铺装与植物

辉柏嘉创意工坊艺术钢笔，天鹅37记号笔，艾迪马克笔，用刀片刮割，绘制于A3描图纸上

下图和底图显示了施工图铺装以及植物细节。在城市景观中新种植的植物往往被分配到路面以下或者看不见的位置。

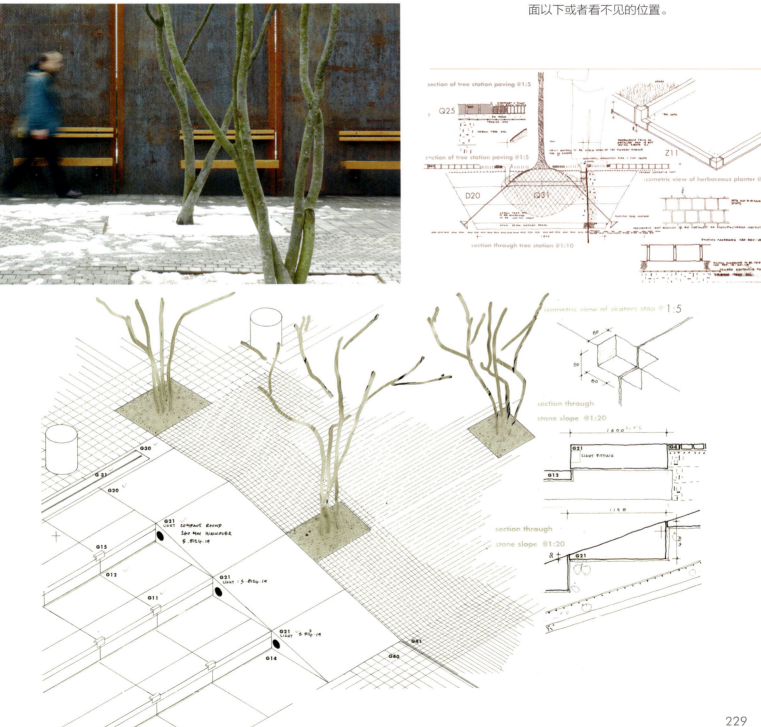

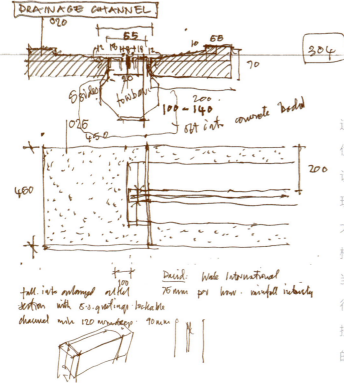

自从罗马人于公元一世纪将弧形道路引入英国开始,铺装与排水就是优秀景观设计的核心诉求。传统的铺设简约明了,急剧下降的落差明确表现出了排水管道的功能。石材元素的大规模使用及其耐久性使具有这种结构的很多景观实例至今仍存在于世。当代的排水系统与传统的排水系统有很多的不同之处,巨大的落差很少被接受,人们会经济有效地制造出专用的渠道和沟槽。

● 排水管道的细节

Vectorworks软件;克劳迪娅·科西利亚(Claudia Corcilius)绘制

这些研究表明了传统和现代排水系统的结合(左上图)。中央的蚁群系统非常重要:铺设的管道可以将雨水收纳入不同深度的地下管道。所有的雨水在进入相对密闭的金属管道之前,是被收集到石质的半渠道中。生产厂家技术部的员工对这一设计感到非常惊奇,同时提供了相应的帮助。总布置图显示了排水管道的位置(左图)。管道是在铺装结构之下的(上图)。

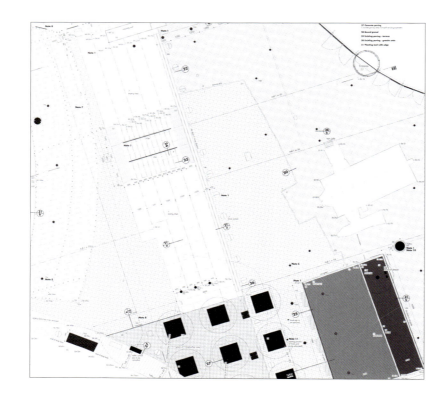

功能与形式

百乐超细钢珠笔，绘制于A4纸上；辉柏嘉创意工坊0.18、0.25和0.5针管笔，艾迪马克笔，绘制于A3描图纸上

这些草图是为理解排水坑的方式而进行的表现（左图）。管道可帮助规划空间，并应用夸张的透视效果（下图）。底图显示的是施工详图。

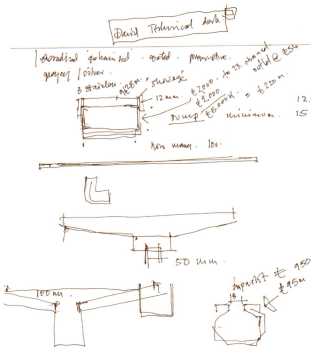

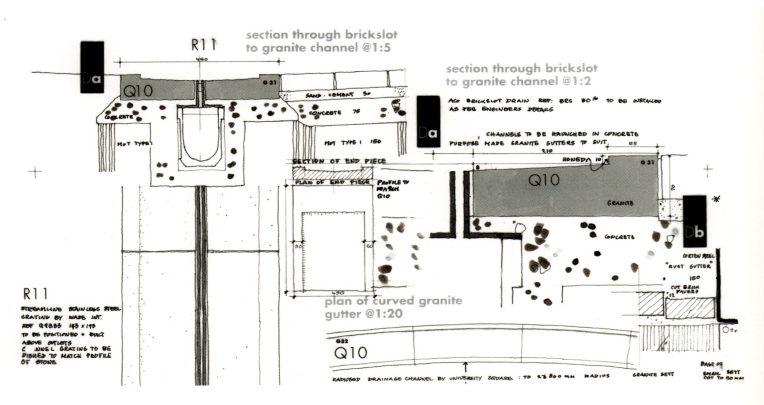

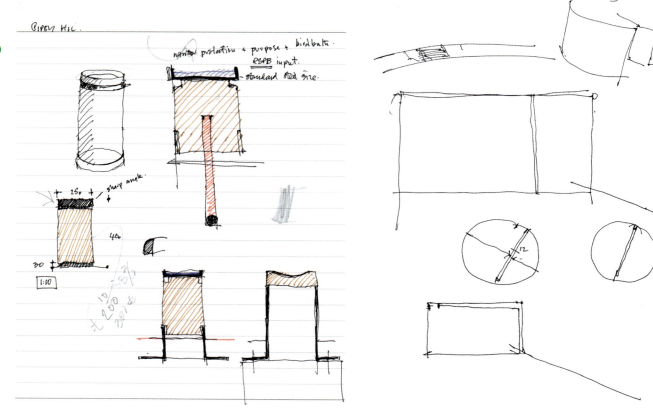

● 结构细节

百乐超细钢珠笔，施德楼三角舒写纤维笔，绘制于纸上，用时45分钟；艾迪马克笔和辉柏嘉创意工坊艺术钢笔，绘制于A3描图纸上

大块的短石柱具有超越传统的创意，它既被用来界定空间边缘和表示标高变化，同时具有座椅的功能（上图）。右图显示的是施工详图。

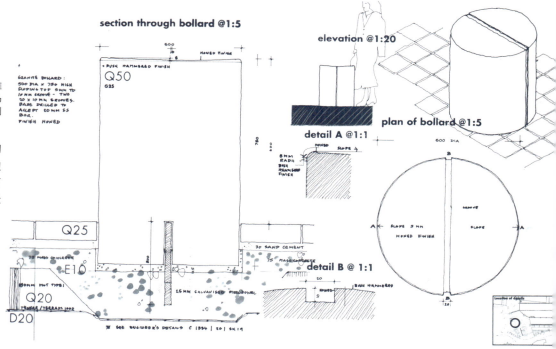

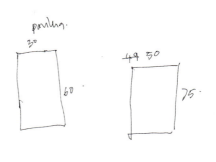

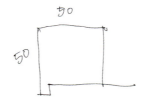

石质系缆柱

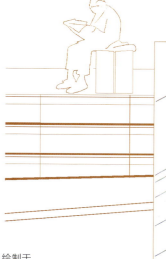

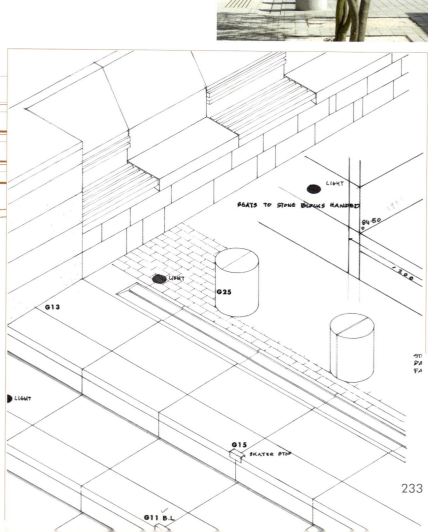

● 排水方案

辉柏嘉创意工坊0.18针管钢笔，绘制于A3描图纸上；斑马01号钢笔，绘制于A4纸上，用时10分钟

为了避免雨水在纯圆柱体的护柱上形成水泡，对设计方案进行了适当修改以使水能够流入中心沟槽，在护柱中部凿出了一个垂直的通道（右图）。"蝶形"的顶部干得较快，两个略带角度的斜面比平面坐起来更加舒适。早期的草图（P232右上图）探讨了不对称顶部和短柱的排水设计。

完成项目介绍

Chapter 9

守护神（风水）是一个难以定义的概念，通常被转述为"独特的氛围和场所精神"。在1940年，考文垂同许多城市一样遭受了严重的破坏，城市的创伤至今依然清晰可见。该区域是城市中年轻人约会的聚集地，他们可能被设计中所营造的氛围以及该地域现在与过去的文脉联系所感染，进而愿意常到这里品味其中的意境。

● **完成项目**
温莎·牛顿水彩颜料，绘制于A3建筑设计专用的热压水彩画纸上

关于此项目的水彩画，于项目竣工后一年完成。

项目目录

老人福利院
页码：88，90，106-7，124，125，146-47，158，159
黑斯廷斯，刘易斯，灵默，罗瑟，威尔登，东萨塞克斯
客户：奇尔小组（Kier Group）
建筑师：Greenhill Jenner

帕维利恩，阿文汉公园
页码：158，159，170-71
兰开夏，普雷斯顿
客户：普雷斯顿市议会（Preston City Council）
建筑师：McChesney Architects
承包商：John Turner & Sons

埃克斯顿蔡斯学校
页码：104-5
肯特，朗菲尔德
客户：肯特县委员会（Kent County Council）
建筑师：Trevor Home Architects

彼得莱斯学院
页码：108，110-11，145，156，157，182，183
汉普郡，彼得斯菲尔德
客户：彼得莱斯学院（Bedales Schools）
建筑师：Waiters & Cohen
承包商：R. Durtnell & Sons

英国大使馆
页码：52，53，78，79，122，140-41，159
叙利亚，大马士革
客户：外交和联邦事务部（The Foreign and Commonwealth Office）

英国高级专员公署
页码：57，58，59，122，146
印度，新德里
客户：外交和联邦事务部（The Foreign and Commonwealth Office）
建筑师：Marks Barfield Architects
建筑师：John McAslan & Partners

考文垂和平花园
页码：12，152，154，155，176，177，183，214-235
沃里克，考文垂
客户：考文垂市议会（Coventry City Council）
建筑师：Pringle Richards Sharratt Architects
工程师：Alan Baxter & Associates
工料测量师：Turner & Townsend
项目经理：加德纳与西奥博尔德（Gardiner & Theobald）
顾问：Earnscliffe Davies Associates
承包商：Galliford Try
景观承包商：Interlock Paving
供应商：ACO Building Drainage
供应商：土木工程署（CED）
供应商：Treadstone
供应商：Lorberg Nurseries

杜伊斯堡总体规划
页码：54，55
德国，杜伊斯堡
客户：杜伊斯堡市议会（Duisburg City Council）
建筑师：Foster & Partners

格拉斯哥观光塔
页码：130
苏格兰，格拉斯哥
客户：格拉斯哥市议会（Glasgow City Council）
建筑师：David Morley Architects

工程师：Jane Wernick Associates

附近的饭店
页码：132-33，158，159
康沃尔，纽基
客户：黑德兰酒店（The Headland Hotel）
建筑师：Chapman Workhouse

赫尔历史中心
页码：74，75，128，158，159，172，173，175
东约克郡，赫尔
客户：赫尔市委员会（Hull City Council）
建筑师：Pringle Richards Sharratt Architects
承包商：Interior Services Group
景观承包商：Blakedown Landscapes
供应商：R. Durtnell & Sons

帝国理工学院
页码：86，87，143，150，151，168-69
伦敦，南肯辛顿
客户：帝国理工学院（Imperial College London）
建筑师：Foster & Partners

赖特布克斯
页码：70，72，102-5，138，139，162，164，184-85
萨里郡，沃金
客户：沃金画廊（Woking Galleries）
建筑师：Marks Barfield Architects

劳埃德集团
页码：84
伦敦，芬彻奇中街
客户：劳埃德的船舶登记（商船协会）（Lloyd's Register of Shipping）
设计师：Richard Rogers Partnership

伦敦眼
页码：83
伦敦，泰晤士河南岸
客户：英国航空伦敦眼（British Airways London Eye）
建筑师：Marks Barfield Architects
项目经理：梅斯（Mace）
景观承包商：Waterers Landscapes
供应商：Lorberg Nurseries

罗德板球场
页码：85，86
伦敦，圣约翰木
客户：波恩板球俱乐部（Marylebone Cricket Club）
建筑师：David Morley Architects

麦金托什村
页码：178，179
曼彻斯特，洛克的庭院
客户：泰勒·伍德罗
设计师：Hurley Robertson & Associates
设计师：Terry Farrell & Partners

迈克尔蒂皮特学院
页码：109，145，158，159
伦敦，兰贝斯
客户：兰贝思理事会（Lambeth Council）
建筑师：Marks Barfield Architects

匹兹汉庄园（竞标）
页码：60-63
伦敦，伊林
客户：伊斯林顿伦敦自治市（London Borough of Ealing）

建筑师：Wright & Wright Architects

尼姆艺术广场
页码：48-50，80
法国，尼姆
客户：摩洛哥城，尼姆
建筑师：Foster & Partners

圣约翰学院
页码：12，87，112-13，158，159，180，181，186-213
剑桥大学
客户：剑桥大学，圣约翰学院（St John's College University of Cambridge）
建筑师：Van Heyningen & Haward Architects
项目经理：戴维斯·兰登（Davis Langdon）
工料测量师：戴维斯·兰登（Davis Langdon）
承包商：Bluestone
景观承包商：Elmswell Contractors
景观承包商：Land Structure
供应商：Crofton Engineering
供应商：土木工程署（CED）

七橡树中学
页码：82
肯特，七橡树
客户：七橡树中学（Sevenoaks School）
建筑师：Tim Ronalds Architects

萨塞克斯大学
页码：98-99，150，151，158，159，160-61，166，167，174，175
东萨塞克斯
客户：萨塞克斯大学（Sussex Downs College）
建筑师：Van Heyningen & Haward Architects

沃尔布鲁克广场
页码：76，77，100-1，130，131，148，149
伦敦，维多利亚女王街
客户：斯坦（Stanhope）
建筑师：Foster & Partners

沃尔索尔庄园医院（竞标）
页码：126，127
西米德兰兹，沃尔索尔
客户：沃尔索尔医院（Walsall Hospitals）
建筑师：David Morley Architects

伍斯特图书馆（竞标）
页码：13，114-15，129
伍斯特郡，伍斯特
客户：伍斯特市议会（Worcester City Council）
建筑师：Pringle Richards Sharratt Architects

沃辛泳池（竞标）
页码：64，65
西萨塞克斯，沃辛
客户：沃辛自治委员会（Worthing Borough Council）
建筑师：Pringle Richards Sharratt Architects

曼纽因学院
页码：147
萨里郡，科伯姆
客户：耶胡迪·梅纽因学院（Yehudi Menhuin School）
建筑师：Waiters & Cohen

延伸阅读

艾琳·亚当斯（Adams, Eileen），《绘图：一个设计工具》，快速表现系列（恩菲尔德，英格兰：Campaign for Drawing, 2009）。

快速表现：主动学习，快速表现系列（恩菲尔德，英格兰：Campaign for Drawing, 2009）。

约翰·伯杰（Berger, John），《伯杰的表现》（aghabullogue, 爱尔兰：Occasional Press, 2005）。

弗朗西斯D.K.钦（Ching, Francis D. K.），《建筑：形式、空间和秩序》（纽约：Nostrand Reinhold Van, 1979）。

《建筑绘图实践：结构和CAD数据交换指南》，文件：BS1 BS 1192-5（丹佛，科罗拉多：IHS, 1998）。

迈克尔·克雷格·马丁（Craig-Martin, Michael）《绘画线条：重新评估过去和现在绘图》展览目录，南安普敦市美术馆，1月13日~3月5日，1995年。

迈克尔E.多伊尔（Doyle, Michael E），《景观建筑师和室内设计师的彩色绘画技巧和技术》第2版，（霍博肯，新泽西：John Wiley & Sons, 1999）。

贝蒂·爱德华兹（Edwards, Betty），《绘画的艺术家：如何释放你的隐藏创造力》（伦敦：HarperCollins, 1988）。

弗兰克·埃德加洛伊（Frankbonner, Edgar Loy），《人体绘画艺术》（纽约：Sterling Publishing, 2003）。

里查德L.格雷戈里（Gregory, Richard L.），《眼睛和大脑：看的心理》（本森，亚利桑那州：World University Library, 1966）。

保罗·霍格斯（Hogarth, Paul），《建筑：一种创造性的方法》（伦敦：Pitman Publishing, 1973）。

保罗·克利（Klee, Paul），《思考的眼睛》（伦敦：Lund Humphries, 1961）。

塔尼亚·科瓦茨（Kovats, Tania）主编，《图画书的绘图调查显示：表达的主要手段》（伦敦：Blach Dog Publishing, 2007）。

迈克W.林（Lin, Mike W.），《绘图和设计与信心：一个循序渐进的步骤指南》（纽约：Van Nostrand Reinhold, 1993）。

劳丽·奥林（Olin, Laurie），《借助劳丽·奥林的速写本转化共同的地方》（纽约：Princeton Architectural Press, 1997）。

迪安娜·佩瑟布里奇（Petherbridge, Deanna），《绘图至上：历史和实践的理论》（伦敦：Yale University Press, 2010）。

罗纳德弗雷泽·里基（Reekie, Ronald Fraser），《制图术：在建筑和建造中的图文传播的绘图技术》，第3版（伦敦：Hodder Arnold, 1976）。

约翰·拉斯金（Ruskin, John），《绘画的元素》（1857；伦敦，A & C Black, 1991）。

奇普·沙利文（Sullivan, Chip），《景观绘画》（纽约：Van Nostrand Reinhold, 1994）。

伊恩·汤普森（Thompson, Ian），托本·达姆（Torben Dam），延斯·伯斯比·尼尔森（Jens Balsby Nielsen），《欧洲园林：最佳实践详图》（牛津：Rontledge, 2007）。

马克·特里伯（Treib, Marc），《面对电子时代的绘图与思考》（牛津：Routledge, 2008）。

托马斯·丘奇（Thomas Church），《景观设计教会：加州现代景观设计》（旧金山：William Sout, 2003）。

拉里M.韦斯特（Waster, Lari M.），《景观建筑师设计沟通》（纽约：Van Nostrand Reinhold, 1990）。

作者简介

爱德华·哈奇森
（Edward Hutchison）

爱德华·哈奇森在金斯顿艺术学院获得室内设计学士学位，在皇家艺术学院获得环境艺术设计硕士学位，拥有泰晤士理工景观建筑师专业证书以及伦敦建筑师协会2A建筑师资格。爱德华于1973年-1984年在伦敦的Hammersmith & Fulham（LBH&F）工作，在那里他负责概念的深入设计以及建筑和景观的现场施工，这些工作使他收获颇多。1985年-1991年他为Foster&Partners建筑事务所工作，并于1988年成为那里的合伙人之一，在一些著名的项目中同时负责概念设计和细部设计，使他获得了国际知名度。

在1991年哈奇森创办了爱德华·哈奇森景观建筑事务所（Edward Hutchison Landscape Architects）。与一些前沿的建筑事务所合作，主要包括以下一些。

  Allies & Morrison（A&M）
  Bennetts Associates（BA）
  Chapman Workhouse（CW）
  David Morley Architects（DMA）
  Foster & Partners（F&P）
  Future Systems
  Hurley Robertson Architects（HRA）
  John McAslan & Partners（JM&P）
  Marks Barfield Architects（MBA）
  Pascall & Watson（P&W）
  Pringle Richards Sharratt（PRS）
  Richard Faulkner Architects（RFA）
  Richard RogersPartnership（RRP）
  Sheppard Robson（SR）
  Sprunt Architects（S）
  Van Heyningen & Haward（VHH）
  Walters & Cohen（W&C）
  Wright & Wright（W&W）

● 园林景观建筑
右侧由上至下分别为：Locks广场（Locks Yard），麦金托什景区，曼彻斯特；伦敦眼，东约克郡的赫尔历史中心；法国尼姆卡尔艺术博物馆。

城市空间
运河流域，南锡，法国，F&P
德拉帕维利恩，贝克斯希尔海滨，东萨塞克斯，JM&P
德文郡广场，伦敦，BA
波尔多法院，法国，RRP
主教广场，伦敦，SR
利物浦码头，A&M
街道从新铺装，尼姆，法国，F&P
巴特西河滨办事处，伦敦，F&P
南方银行改造，RRP
南码头车站，伦敦，P&W
尼姆主广场，法国，F&P
伦敦，沃尔布鲁克广场，F&P

景观与博物馆
赫伯特艺术画廊和博物馆，考文垂，PRS
灯箱效果，沃金，萨里郡，MBA
匹兹汉庄园，伊林，伦敦，W&W

公园
巴约纳公园，富勒姆，伦敦，LBH&F
布莱克斯公园，富勒姆，伦敦，LBH&F
国王十字公园，伦敦，F&P
伦敦眼，南方银行，伦敦，MBA
口袋公园，赫尔历史中心，东约克郡，PRS

总体规划
柏林，2000年奥运会，MBA
尼姆，法国，F&P
Pennrhydeudraeth 商业公园，威尔士，DMA
皇后像广场，香港，F&P
斯坦斯特德机场终端区，埃塞克斯，F&P

运动
皇家阿斯科特赛马场，伯克希尔，P&W
牢德板球场，圣约翰伍德，伦敦，DMA
奥西斯自行车赛道，斯托克韦尔，伦敦，MBA

街道设施
街道上景物的排列，斯坦斯特机场，埃塞克斯，F&P
蓝色工程铺砖，F&P
公共汽车候车亭，F&P

企业景观
劳埃德商船协会，伦敦，RRP
银行学院，伊斯坦布尔，JM&P

学校和大学
彼德莱斯学校，新罕布什尔州，W&C
帝国理工学院，伦敦，F&P
体育活动中心，利物浦大学，DMA
建筑工程学校未来发展的建议，W&C
圣约翰学院，剑桥大学，VHH
萨塞克斯大学，东萨斯克斯郡，VHH
泰晤士河谷大学，斯劳，伯克希尔郡，RRP
迈克蒂皮特学校，兰贝斯，伦敦，MBA
耶胡迪·梅纽因小提琴音乐学校，科巴姆，萨里郡，W&C

景观和房屋
班尼姆街庇护住房，哈默史密斯，伦敦，LBH&F
伦敦自治市哈默史密斯 - 富勒姆区，LBH&F
菲尔密庇护住房，埃塞克斯，S
黑德兰度假村，纽基镇，康沃尔，CW
麦金托什村，曼彻斯特，HRA
伦敦自治市哈默史密斯 - 富勒姆区，LBH&F
蒙德维特罗巴特西，伦敦，RRP

医疗
沃尔索尔医院，西米德兰兹，DMA
万花筒，刘易舍姆，伦敦，VHH

停车场
运河流域，南锡，法国，F&P
双圣杰姆斯中心，捷拉兹交叉点，白金汉郡，DMA
伦敦帝国理工学院
伦敦圣约翰伍德，牢德板球场，DMA
斯坦斯特机场终端区，埃塞克斯，F&P

花园
林肯郡庄园
格拉斯哥观测塔，DMA
川奈房屋，日本，F&P
斯潘塞道路，温布尔登

大使馆
英国高级专员公署，新德里，印度，JM&P
英国大使馆及住宅，大马士革，叙利亚，RFA

致谢

这本书的构思源自于2009年在伦敦兰贝斯区一个名为"绘画空间"的展览,该展览展出了爱德华·哈奇森景观建筑事物所的设计流程和工作方法。

我的助手海迪·亨得利(Heidi Hundley),平面设计师苏珊·斯科特(Susan Scott)和我一起从我的设计策划和速写的作品中选择了一些,集结成书。在摄影师、书装设计师伊恩·拉蒙特(Lan Lambot)以及图书发行商诺曼·福斯特(Norman Foster)等的指导下形成了该书的整体立意和框架结构。原景观设计协会的档案管理员安娜贝尔·唐斯(Annabel Downs)提出了许多敏锐而富有挑战的问题,同时在标记插图方面做了大量的工作。原景观设计协会图书管理员希拉·哈维(Sheila Harvey)在已出版的景观设计方面的内容提出了相关内容覆盖与否的宝贵意见,同时对文字保持简洁性的重要方面也提出了宝贵的意见。自己已经出版了数本关于表现著作的爱琳·亚当斯(Eileen Adams)为我们关于书稿的讨论会带来了全新的观点和改进的活力。

简·布朗(Jane Brown)和艾伦·戈登·沃克(Alan Gordon Walker)给了我很多有益的建议,非常幸运的是泰晤士与赫德森公司的专业人员给了我很多专业方面的建议。我的艺术家儿子杰里米(Jeremy)从学生的角度给了我很多意见;我的摄影师女儿黛西(Daisy)拍摄了很多竣工照片;我同时也特别感谢我的妻子波莉(Polly)的帮助和最后在文字方面的润色。

我非常感激以上在技术和时间上给于支持的人们,感谢我的导师在我职业生涯刚开始时的指导和鼓励,感谢我的雇主、同行以及客户,他们给了我作为一个设计师的生命目标。

图片版权

本书所有图片由作者绘制(除特别注明外)。
本书所有照片由作者提供,为本书提供摄影的还有:
雷切尔·埃利奥特(Rachel Elliott), 201;
海迪·亨德利(Heidi Hundley), 132-33, 204;
黛西·哈奇森(Daisy Hutchison)(www.daisyhutchison.com) 190, 191, 202, 203, 206, 207, 210, 212, 213, 214, 226, 227, 228, 229, 234;
马库斯·鲁宾逊(Marcus Robinson)(www.marcusrobinsonphotography.com) 83。
圣安德烈大教堂 191;
考文垂城市档案馆 214;
时代报业有限公司 215。
剪辑合成:苏珊·斯科特(Susan Scott) 234-5, 236。